이탈리아식 국수!

헤아릴 수 없이 많은 종류의 이탈리아식 국수가 있다. 그 중 리가토니, 토르텔리니 그리고 칸넬로니는 이 많은 요리들 가운데 대표적인 것일 뿐이다. 또한 이탈리아식 부엌에서 제공이 되는 다양한 소스도 마찬가지다. 국수와 함께 이 소스들은 매우 맛있고 우리가 가장 좋아하는 요리 중 1순위에 올라 있다. 간단한 토마토 소스나 매우 세련된 파슬리 소스 또는 고가의 음식인 새끼양라구는 모든 미식가들의 식탁에 잘 어울린다.

차 례

국수의 역사

어느 나라에서 이 간단한 요리가 가장 먼저 탄생했는지 학자들이 논쟁하는 것을 보면, 국수에는 분명히 뭔가 특별한 게 있을 것이다. 확실한 것은 동아시아 쪽은 벌써 몇천 년 전부터 반죽요리를 알고 있었다는 점이다.

그러나 독일에 잘 알려져 있는 국수가 어디서 탄생했는지에 대해서는 많은 의견이 엇갈린다. 널리 알려져 있는 관점은 마르코 폴로가 아시아여행을 하고 돌아오면서 베니스에 가져왔다는 견해이다.

그러나 과거의 유대인 상인들이 그보다 먼저 가서 동유럽에 퍼뜨렸다는 이야기도 읽을 수가 있다. 미국의 백과사전은 몽골의 침입으로 유럽이 반죽요리에 대한 지식을 얻었으니 그들의 침입에 감사해야 한다고 놀라워하는 독자에게 가르쳐주고 있다.

마르코 폴로는 1298년에 기행문을 썼다. 그러나 이탈리아식 국수에 관한 이야기는 훨씬 더 오래되었다. 그것은 에트루리아의 묘에서 국수를 만들기 위한 용구의 모형이 발견되었기 때문이다.

로마의 한 미식가는 벌써 1세기에 자신이 글방 친구들과 함께 '라가냐'를 먹는 것을 즐긴다는 것과, 양념을 달게 한 구운 국수를 먹는다는 것을 쓰고 있다. 그 후 300년 동안은 반죽을 살짝 말린 후, 국수 모

양으로 잘라 닭 육수에 넣고 삶았다. 기록자에 의하면, 이것은 빨리 상했기 때문에 갓 만들어졌을 때 먹어야 했다. 아랍사람들은 반죽을 막대기에 감고 공기에 말리는 아이디어를 냈다고 한다. 그로 인해 탄생한 것이 마카로니다. 시칠리아인들은 그 아랍인들에게 이 방법을 자신들이 가르쳐 주었노라고 주장하고 있다. 비록 시칠리아인들은 오랫동안 '망기아마카로니'(마카로니를 먹는 사람)로 불려졌지만, 오히려 '망기아포글리에'(야채를 먹는 사람)로 불려지는 나폴리 주민들이 '파스타'를 탄생시킨 것으로 인정되었다. 기계로 국수를 만들면서 그곳에서는 공장들이 매우 활발하게 생겨나기 시작했다. 이는 이탈리아식 국수를 곧 국가적인 음식으로 만드는 데 성공시켰으며 오랜 시간 동안 스파게티를 세계에 널리 퍼뜨렸다.

가장 잘 알려진 국수 종류

이탈리아식 파스타의 정의는 우리가 '파스타 아스치우타'라는 표현에서 알 수 있듯이 바로 반죽으로 만든 음식을 의미한다. '파스타 아스치우타'의 의미는 어쨌든 '말린 파스타'로, 수프 안에 있는 파스타의 의미를 가진 '파스타 인 브로도'와는 대조가 된다. 이 두 종류는 지금 모두 독일에서처럼 주요리로 여겨지지만 이탈리아에서는 전체요리로 취급되고 있다.

긴 국수와 짧은 국수는 구별한다. 첫 번째 분류에서 가장 인기가 많은 것 중 하나가 바로 스파게티다(9). 가장 얇은 국수의 이름은 카펠리니 또는 베르미첼리니(21)이다. 이것보다 조금 더 두꺼우면 베르미첼리(19)나 스파게티니라고 부른다. 스파게티 5번은 (이탈리아에서는 스파게티에 각각 번호를 매긴다) 독일 공장에서도 같은 모양으로 생산되고 있다. 특별히 긴 스파게티는 거의 수출용으로만 이탈리아에서 생산된다. 긴 국수는 폭이 넓어서 긴 직사각형 모양을 할 수도 있다. 좀 폭이 넓은 것은 타글리에리니(23)고, 이보다 약간 얇은 것은 링구이네 또

는 트레네테(5)이다. 타글리아텔레(17) 또는 파파르델레(18)는 독일의 리본모양의 국수보다 좀더 얇거나 넓은 국수를 말한다. 통 모양의 국수도 각각 다른 사이즈를 가지고 있다. 부카티니(8)처럼 가장 얇은 국수를 시작으로 하여 마카로니(7), 메짜넬리, 그리고 가장 두꺼운 찌토니(6)까지 다양하다. 국수는 두껍거나 얇고, 곧거나 비뚤어지거나 매끈하고 물결무늬로 홈이 파여 있을 수도 있다. 가장 많이 이용되는 것은 펜네(11)이며 그 의미는 '깃털'이고, 각각 다른 크기의 디탈리(골무 · 12), 리가토니(물결무늬가 새겨진 큰 고깔 모양 · 10)와 콘치글리에(조개 모양 · 13), 그 옆에 파르팔레(나비 모양 · 14), 루오테(바퀴 모양 · 15)와 그노치(작은 경단 · 24) 등이 있다.

이렇게 다양한 국수 종류에서 당신은 그 외에도 칸넬로니(1), 라자냐(2), 고깔(3), 푸실리(4), 토르텔리니(16), 라비올리(20) 그리고 파글리아 에 피에노(22)를 찾을 수가 있으며, 이 모든 것들은 독일의 요리법에도 소개가 되었다. 이 외에도 수프에 넣게 되는 작은 국수도 다양한 모양이 있다. 이 중 줄 모양의 국수나 별 모양, 또는 알파벳 모양의 국수 등 많은 종류의 국수는 독일의 공장에서도 생산이 된다.

영양가가 풍부한 국수

최근에는 더더욱 많은 사람들이 가능한 한 자연산 음식을 그대로 먹으려고 하는 경우가 많기 때문에, 최고급 밀가루로 만든 음식을 더 많이 찾게 되었다. 최고급 국수를 직접 만드는 것도 무척 쉽기 때문에 미리부터 국수 요리를 포기할 필요가 없다.

밀 400g을 매우 곱게 갈고 (또는 미리 건강식품점에서 갈아 둔다) 밀가루 300g이 남도록 밀가루를 곱게 체로 친다(그렇지 않으면 국수반죽이 너무 단단하고 무거워진다).

이 밀가루를 기름기가 적은 콩가루 1TS과 섞고 오븐 바닥에 작은 산 모양으로 뿌린다.

타원형의 배 모양을 한 그릇 안에 풀어놓은 달걀 두 개와 미지근한 물 5TS, 그리고 허브소금 2ts을 넣는다. 이 모든 재료를 잘 저으면서 섞어준다.

그 후 반죽이 손가락에 달라붙지 않고 부드러워질 때까지 반죽해준다. 공 모양을 만들어 기름을 바른다. 약간 데워놓은 대접을 반죽 위에 엎어놓는다. 그 후 반죽을 1시간 동안 부풀게 가만히 둔다. 국수를 만들기 위한 기본요리법에 따라(8~9쪽) 계속해서 반

항구에 죽어 있는 생선과 해산물로 만든 국수 요리도 매우 맛있다는 것을 알고 계십니까?

죽을 쓴다.

요리법 No.1 : '알 덴트'

'알 덴트'

나는 나이가 많은 나폴리 여성 한 분을 알게 되었는데, 이 분은 벌써 삼대에 걸쳐 거의 매일 국수요리를 만들어 냈다. 나는 그 분을 통해 국수를 규정대로 잘 만들려면 어떤 것들에 유의해야 하는지에 대해서 알고 싶었다. 나 같은 외국인에게 그 분은 요리에 대한 그다지 많은 이해를 기대하지 않고, 아주 상세하게 노하우를 알려 주었다. 당신도 이 책의 요리법을 따라 요리를 할 때, 이 요리사의 노하우를 따르면 그것이 비록 첫 번째 요리 시도라고 할 지라도 실패하는 일은 없을 것이다.

무엇보다도 가장 중요한 것은 국수를 제대로 삶는 것이다. 400g의 국수를 삶기 위해서는 큰 냄비에 4ℓ의 물과 소금 40g, 그리고 1~2ts의 기름을 넣고 먼저 끓인다. (여기서 기름은 국수가 서로 달라붙는 것을 방지하기 위해서 넣는다. 대부분의 내 요리법에는 국수의 물을 빼준 후 수고(소스)와 섞어준다. 국수가 달라붙지 않는 역할을 수고가 해주기 때문에 기름을 넣으라는 지시는 보이지 않을 것이다.)

물이 부글부글 끓기 시작하면 국수를 한꺼번에 넣고, 포크로 힘차게 저어준 후 물이 끓어 넘치려고 할 때까지 뚜껑을 닫고 끓인다. 이제 당신은 뚜껑을 열고 온도를 약간 낮추어야 한다(단 한 순간이라도 중간에 끊겨서는 안 된다). 당신은 종종 국수가 냄비 바닥에 달라붙지 않도록 저어주어야 한다. 중요한 것은 국수가 적당히 익는 시간을 놓치지 않기 위해서 시간간격을 두고 국수를 하나씩 먹어봐야 한다. 국수는 꼭 '알 덴트(십히는 맛이 나게)' 상태에서 체로 옮겨져야 한다. '알 덴트'는 이탈리아어로 '치아'이며, 이것은 당신이 끓인 국수를 씹고 싶어한다는 뜻이다. 즉 독일인의 입맛대로 국수를 너무 부드럽거나 불려서는 안 된다는 뜻이다. 이 부분에서 노하우를 제공해주신 분은 가장 엄했다. 그 분은 체를 미리 준비해 두어서 국수가 익은 즉시 물을 빼고 소스와 섞일 수 있도록 하라고 당부했다.

국수기계

당신이 한번이라도 직접 만든 국수를 당신의 가족들과 즐겨 보았다면, 앞으로도 당신과 당신의 가족들은 접시 위에 직접 만든 요리가 올려지길 바랄 것이다. 그것을 위해서 국수기계가 필요하다.

최근에는 이탈리아에서 수입된 전기기계도 시장에서 팔고 있다. 그것들은 흠 없이 작동하지만 깨끗이 관리하기가 쉽지 않다. 만약 나폴리의 대가족이라면 이렇게 완벽히 자동적으로 작동되는 기계를 구입하는 것도 그리 아깝지 않을 것이다. 나는 벌써 몇 년째 이탈리아 친구들이 권해준 손으로 돌리는 손쉬운 국수기계로 국수를 만들어내고 있다. 현재 여기서도 추가기능으로 스파게티를 만들거나 라비올리의 속을 채워주거나 만들어주는 제품들이 팔리고 있다. 그러나 가장 중요한 기능은 반죽을 만드는 것을 보다 쉽게 해주는 기능이다. 또한 국수를 자르는 것도 확실히 쉬워진다.

수동기계로 국수 만드는 법

자동적으로 모든 걸 처리해주는 기계를 가지고 있지 않다면, 먼저 손에 반죽이 더 이상 달라붙지 않도록 반죽한다. 약 2cm의 두께로 눌러주고 양쪽에 살짝 밀가루를 뿌려준다. 그 후 기계를 가장 넓은 간격으로 맞춰둔 후 반죽을 넣고 돌려준다. 계속해서 3등분하여 접어주고 눌러준 후 여러 번 기계에 넣고 매우 매끈하고 반짝일 때까지 돌려준다. 돌려주면서 간격을 점차 줄여간다. 1인분씩 원하는 두께가 될 때까지 돌려주고 긴 반죽이 접혀 붙지 않도록 계속해서 주의한다. 이후에 반죽넓이를 반으로 잘라준 후 원하는 국수모양으로 돌려준다.
국수를 만들기 위한 기본요리법(8~9쪽)에 따라 계속해서 반죽을 한다.

예술적으로 파스타 시식하기

이탈리아의 철없는 개구쟁이들은 가끔씩 외국사람들이 스파게티 먹는 모습을 가지고 장난을 치곤 한다. 반대로 외국사람들은 이탈리아 사람들이 매우 많은 양의 '파스타 아스치우타'를 번개 같이 빠르게 해치우는 것을 보고 혀를 내두르기도 한다. 스파게티를 제대로 예술적으로 먹는 방법을 이제 바로 배우게 된다.
스파게티는 항상 포크로 돌려지고 싶어한다. 칼로 잘라버리는 것만큼 스파게티에게 죄짓는 일도 없을 것이다. 이탈리아 사람은 스파게티를 포크 하나만 가지고 먹는다. 그들은 감겨져 있는 요리에서 두 가닥 내지는 세 가닥을 포크로 쭉 뽑아낸 후 접시의 가장자리에서 포크를 돌리면서 국수를 돌돌 만다. 끝에 이어진 한 두개의 국수가닥을 예의바르게 함께 입술 사이로 빨아들이듯 삼킨다고 해서 무례한 태도는 아니다.

자, 이제 배운 대로 직접 요리해보고, 맛있게 음미해 보시기를……

Buon appetito!

국수반죽-기본요리법

이 요리법은 세계적으로 유명하다. 나는 이 요리법을 남부 티롤 출신인 우리 할머니에게서 배웠는데, 그 분은 매우 똑똑하고 부지런 하셔서 우리 가족을 위해 '집표국수'만 식탁 위에 올려지게 했다. 항상 "맛이 훨씬 좋잖아"라며 준비된 속담을 말씀하시곤 했는데, 원어로 "A Nudlbrett und a Ausred san zwoa guate Haus-geraet!" 라 표현하셨다.

이 말은 오븐바닥과 좋은 핑계는 가정의 평화를 위해 중요하다는 뜻이며, 할머니는 또한 나에게 이렇게 설명하셨다.

"국수를 직접 만드는 것은 쉬워. 단지 약간의 시간을 내면 되는 것이고, 부엌의 공기가 너무 건조하면 안 된단다. 그렇지 않으면 반죽이 부서져. 그래서 난 일하기 전에 주전자에 커피를 끓여 마시는데, 그렇게 되면 나머지 일은 거의 자동적으로 이어지는 거지!"

국수 만들기

❶ 밀가루가 마치 작은 산 모양이 되도록 도마에 뿌려준다. 이 작은 산에 분지를 만들어 넣는다.

❷ 계란들을 대접 끝에 부딪쳐 깨고 밀가루 분지에 흘러 들어가게 한다. 소금을 같이 넣어준다. 포크를 가지고 안에서부터 밖으로 약간 부석거리는 반죽이 될 때까지 계란과 밀가루를 섞어준다.

❸ 이 부석거리는 반죽을 재빨리 하나의 반죽으로 눌러준다. 손바닥으로 10~15분 동안 반죽이 매끈하고 반짝일 때까지 힘차게 반죽해준다.

❹ 반죽이 하나로 이어지지 않을 경우 약간의 물을 추가한다. 또는 달라붙거나 너무 부드러우면 약간의 밀가루를 더 섞어준다. 반죽을 가운데로 가로질러 자르면 자른 부분에 작은 구멍들이 생겨야 한다. 그렇게 되었다면 반죽은 완성된 것이다.

4인분

밀가루 400g | 달걀 4개 | 소금 한 줌 | 필요에 따라 약간의 밀가루 또는 물

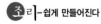리-쉽게 만들어진다

1인분 당 칼로리 : 약 2000kJ / 480kcal
단백질 25g / 지방 14g / 탄수화물 68g
요리시간 : 약 2시간 30분 (말리기 위한 1시간 포함됨)

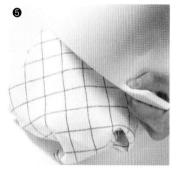

❺ 반죽을 가볍게 헝겊으로 감아준다. 헝겊으로 감은 반죽에 대접을 엎어 덮고 15분 동안 부풀게 가만히 놔둔다.
❻ 도마를 밀가루로 살짝 덮어준다. 반죽을 3~4인분으로 나누고 각각 가운데에서 겉쪽으로 나무 밀대로 칼 손잡이 두께만큼 돌려 펴준다. 나머지 반죽은 헝겊을 씌운다.
❼ 반죽판을 5~10분 정도 말린다. 이후에 밀가루를 살짝 뿌려 말아준 후 원하는 넓이로 자른다. 또는 원하는 넓이로 국수 기계의 사이를 넓혀준 후 돌린다. (7쪽 참고)
❽ 국수를 두 손으로 조심스럽게 주워서 가볍게 흔들어 주고 밀가루가 뿌려진 헝겊에 살짝 떨어뜨린다. 헝겊 위에서 적어도 1시간은 말린다.

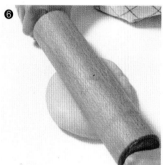

> **힌트!** 직접 만든 국수는 산 국수 보다 익히는 시간이 훨씬 짧다(시식 해보기).

변용

라자냐와 칸넬로니

라자냐를 위해서 8x12cm 크기의 직사각형으로 자른다. 칸넬로니를 위해서는 12x12cm 크기의 정사각형으로 자를 것. 직사각형과 정사각형을 약 1시간 정도 말려주고 넉넉한 양의 소금물에서 살짝 익힌다. 직사각형은 속과 번갈아 가면서 쌓아 올린다. 정사각형은 속을 채워서 말아준 후 이 두 가지의 음식을 모두 오븐에서 '수고(돼지기름)'와 함께 굽는다.

파스타 베르데(초록 국수)

시금치 400g을 다듬고 씻은 후 끓는 물에 살짝 데친다. 바로 차갑게 냉각시켜 가능한 가장 마른 상태가 되도록 짜서 말린다. 그후 다지는 도구로 다져서 거의 반죽 상태를 만든다. 시금치를 400g의 밀가루, 달걀 2개, 그리고 약간의 소금과 함께 섞어 반죽으로 만든다. 필요하다면 밀가루를 조금 더 넣는다. 돌려서 펴줄 때 계속해서 도마에 밀가루를 뿌려준다.

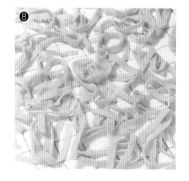

파스타 로싸(빨간 국수)

밀가루 400g, 달걀 3개, 토마토 퓌레 70~80g(색깔의 농도를 보면서 양을 조절한다) 그리고 소금 한줌을 함께 섞어서 반죽을 만든다.

파스타 기알라(노랑 · 주황색 국수)

국수반죽을 기본요리법에 따라 준비한다. 추가로 사프란가루 2g(캔 2개)을 넣어 반죽한다.

라비올리와 토르텔리니 직접 만들기

4인분

| 속을 위해 : 양파 1개 ┃ 마늘쪽 1개 ┃ 올리브기름 3TS ┃ 갓 갈아낸 흰 후추 |
| 다진 송아지고기 또는 양고기 350g ┃ 갓 곱게 다진 로즈마리 1/2ts ┃ 육수 1/8ℓ |
| 소금 ┃ 갓 곱게 다진 타임(대체용으로 말린 로즈마리 한줌과 말린 타임 1/2ts) |
| 반죽을 위해 : 밀가루 400g ┃ 달걀 4개 ┃ 소금 한줌 |

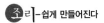

조리-쉽게 만들어진다

1인분 당 칼로리 : 약 3200kJ / 760kcal
단백질 41g / 지방 35g / 탄수화물 69g
라비올리 요리시간 : 약 2시간 30분(반죽 부풀리는 1시간 포함)
토르텔리니 요리시간 : 약 3시간(반죽 부풀리는 1시간 포함)

❶ 양파와 마늘을 곱게 다져서 기름에 넣고 굽는다. 고기를 함께 구워 모든 양념과 함께 간을 맞춘다. 육수를 부은 후 이 모든 걸 뚜껑을 닫아서 약 20분간 살짝 익힌다. 그 후 뚜껑을 열고 강한 불에서 조리해 물이 수증기로 날아갈 수 있도록 한다. 속을 식힌다.

❷ 모든 반죽 재료들을 8~9쪽에 있는 기본요리법에 따라 준비해둔다. 대접을 반죽 위에 엎어 덮어주고 약 15분간 부풀리게 놔둔다.

❸ 라비올리를 위해 반죽을 2인분으로 나누고 반죽의 판이 두 개의 칼등 두께가 될 때까지 밀어 펴준다.

❹ 속을 약 4cm의 간격의 작은 더미로 만들어 하나의 반죽판 위에 차례차례 올려준다. 두 번째 반죽판에 약간의 물을 바르고 발라준 쪽을 아래로 한 후 라비올리 위에 조심스럽게 올려준다.

❺ 속 더미 중간에 비어 있는 공간을 손가락으로 꼭 눌러준다. 그 후 라비올리를 반죽바퀴로 돌려 작은 정사각형 모양으로 잘라주거나 찍개로 모양을 찍어낸다.

❻ 토르텔리니를 위해서 반죽 모두를 약 1~2mm의 두께로 돌려 펴준 후 5~6cm의 길이의 원이나 정사각형을 붙여주는 부분을 고려해서 찍어내거나 잘라낸다. 속을 각각의 모양 위의 가운데에 올려준다.

❼ 반죽 원이나 정사각형의 끝 부분을 반달모양으로 만들어준 후 물을 발라준다. 원은 반달모양으로, 정사각형은 삼각형 모양으로 약간 밀려진 끝 부분을 덮어주고 꼭 눌러준다. 그 후 손가락의 윗 부분을 기준으로 반죽을 말아 끝 부분을 서로 맞닿게 눌러준다.

❽ 라비올리 또는 토르텔리니를 약 10분 동안 끓고 있는 소금물에서 익혀준다. 이 속이 채워진 국수를 하루 전에 준비해두고 냉장고에 보관해 둘 수도 있다. 그러나 이럴 땐 익히는 시간을 두 배로 계산해야 한다.

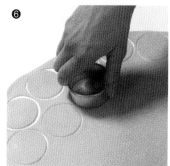

속을 위한

닭 가슴 살과 익히지 않은 햄을 넣어.

각각 100g의 돼지고기와 닭 가슴 살을 작은 네모나게 썰어주고 버터 1TS과 함께 강하게 익혀준다. 그 후 익히지 않은 햄 100g과 모르타델라 소시지 50g을 고기 가는 기계에 넣고 갈거나 작게 썰어준다. 갓 갈아낸 파메잔 치즈 100g과 달걀 1개를 함께 섞어준다. 이 소스는 소금, 후추 그리고 무스카드 견과로 맵게 간을 한다.

소고기와 골수를 넣어.

두 개의 큰 골이 들어있는 뼈(약 80g의 골수)를 약 30분 동안 차가운 물 속에 넣어두고 골수를 짜낸다. 모르타델라 소시지와 골수 100g을 곱게 다진다. 이 모든 재료를 파메잔 치즈 100g, 달걀 1개 그리고 노른자와 함께 섞어준다. 소금과 후추로 간을 맞춘다.

시금치와 리코타 치즈를 넣어.

350g의 시금치를 다듬어 씻은 후 물기가 있는 상태로 냄비에 넣고 뚜껑을 닫은 채 잎이 힘이 없어질 때까지 약한 불에서 데친다. 체에 넣고 물기를 확실하게 빼주고 식게 놔둔다. 그 후 곱게 다진다. 리코타 치즈 200g을 매우 작은 네모로 썬다. 시금치와 갓 갈아낸 파메잔 치즈 50g, 그리고 달걀 1개를 함께 잘 섞어준다. 갈아낸 후추, 갓 갈아낸 무스카드 견과로 소스의 간을 맞춘다.

미네스트로네 알라 밀라네제

진득진득한 밀라노식 야채수프

❶ 콩은 전날 저녁에 물에 넣어 12시간 동안 불린다.

❷ 양파를 곱게 다진다. 샐러리를 다듬어 씻고 얇게 썰어준다.

❸ 수프용 냄비에 버터와 기름을 넣고 가열한다. 양파와 샐러리를 그 안에 넣고 중간 불에서 약 5분간 구워준다. 토마토 퓌레를 육수 3/4ℓ와 섞어 함께 넣어준다. 콩의 물을 버리고 마찬가지로 냄비에 넣는다. 이 수프를 끓인다.

❹ 파를 길게 자르고 흐르는 물에 씻어서 얇게 썬다. 당근의 껍질을 벗긴다. 호박의 꼭지를 잘라준다. 감자도 껍질을 벗긴다. 당근, 호박 그리고 감자를 작은 네모나게 썰어준다. 양배추 4분의 1개를 닦고 줄기 없이 채 썰어준다. 이 모든 야채를 체에 넣어 차가운 물로 씻어주고 수프냄비에 함께 넣는다. 뚜껑을 닫고 약한 불에서 살짝 익힌다.

❺ 마늘쪽, 파슬리, 셀비어 잎 그리고 베이컨을 기계에 넣고 반죽처럼 되도록 매우 곱게 다진다(또는 곱게 저민다).

❻ 1시간 30분 동안 익힌 후 남은 육수도 함께 붓는다. 베이컨반죽을 수프와 함께 섞고, 이 모든 걸 약 15분간 더 익힌다.

❼ 그 후 불을 높인 후 국수와 완두콩을 수프에 넣어주고, 국수를 '알 덴트'하게 알맞게 익힌다. 파메잔 치즈를 수프에 넣어 저어준다. 이 미네스트로네(이탈리아식 수프)를 소금과 후추로 간을 맞춘다.

힌트!

뼈를 고아낸 물 : 수프용 뼈, 수프용 고기, 타임, 파슬리, 샐러리, 수프용 야채 그리고 월계수 잎을 차가운 물에 띄워놓는다. 거품은 건져낸다. 모든 재료를 약한 불에서 2시간 동안 익힌다. 고아낸 국물을 촘촘한 체에 걸러 부어준다.

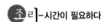

4인분

말린 흰색 콩 150g	양파 1개
작은 양상추의 알맹이 1개	버터 2TS
표백된 샐러리 1개	토마토퓌레 1TS
골수를 고아낸 물 약 1 1/2ℓ	
(힌트를 보시오) 또는 육수	
파 1단	중간 크기의 당근 2개
작은 호박 2개	중간 크기의 감자 2개
작은 오그랑양배추 1/4개	마늘쪽 1개
파슬리 1묶음	싱싱한 셀비어 잎 2개
껍질이 없는 약간 줄무늬가 있는 훈제	
베이컨 75g	
고깔국수 100~150g	얼린 완두콩 150g
갓 갈아낸 파메잔 치즈 3TS	소금
갓 갈아낸 까만 후추	

조리-시간이 필요하다

1인분 당 칼로리 :
약 240kJ / 570kcal
단백질 24g / 지방 27g / 탄수화물 61g
불리는 시간 : 약 12시간
요리시간 : 약 2시간 30분(익히는 약 2시간 포함)

미네스트라 디 파스타 에 피셀리

국수를 넣은 완두콩수프

❶ 양파, 당근, 파슬리와 샐러리를 다듬고 씻은 후 베이컨과 함께 곱게 다진다.
❷ 이것을 기름을 섞어 찜냄비에 넣고 약한 불에서 계속 저어주면서 5분 동안 구워준다.
❸ 토마토퓌레를 약간의 물과 함께 섞어서 찜냄비에 부어준다. 이 모든 걸 뚜껑을 닫은 채 약 10분 동안 살짝 익힌다. 야채를 고아낸 물을 부어서 함께 끓인다. 완두콩과 국수를 뿌려 넣어주고 '알 덴트'하게 알맞게 익힌다. 소금으로 이 수프의 간을 해준다. 파메잔 치즈는 따로 내놓는다.

4인분	
작은 양파 1개	작은 당근 1개
파슬리 1/2묶음	작은 표백된 샐러리 1개
껍질이 없고 약간 줄무늬가 보이는	
베이컨 50g	갓 갈아낸 파메잔 치즈 50g
올리브기름 2TS	토마토퓌레 1TS
야채를 고아낸 물 약 1 1/2ℓ	
차갑게 얼린 완두콩 200g	소금
크바드루치(정사각형 모양의 반죽) 100~150g	

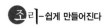 조리 – 쉽게 만들어진다

1인분 당 칼로리 : 약 1500kJ / 360kcal
단백질 16g / 지방 18g / 탄수화물 34g
요리시간 : 약 1시간

미네스트라 디 렌티치에

국수를 넣은 콩수프

❶ 콩을 체에 넣고 차갑게 헹구어 준다. 1 1/2ℓ 의 물에 밤새도록 불린다.
❷ 양파의 껍질을 벗기고 가로질러 잘라 두 쪽으로 나눈다. 한 조각은 고리모양으로 자른다. 샐러리를 다듬고 씻은 후 마찬가지로 반으로 가른다.
❸ 콩을 불린 물에 양파와 샐러리를 넣어 익히고 뚜껑을 덮은 후, 약 1시간 15분 동안 살짝 익힌다.
❹ 마늘과 파슬리를 베이컨과 남은 양파 1쪽, 그리고 남은 샐러리 1쪽과 함께 곱게 다진다. 토마토는 살짝 데치고 껍질을 벗기고 꼭지와 씨를 제거해낸 후 다진다.
❺ 다진 야채를(토마토를 제외하고) 기름에 넣고 중간 불에서 약 5분간 가열한다. 그 후 토마토를 함께 넣어주고 이 모든 걸 뚜껑을 덮고 약 15분간 졸인다. 콩과 끓인 물을 함께 부어주고 필요에 따라 물을 더 넣는다. 모든 걸 소금과 후추를 넣어 간을 한다.
❻ 콩이 약간 덜 익었을 때 샐러리 반쪽을 수프에서 꺼내고 국수를 넣어 '알 덴트'하게 익힌다. 페코리노를 넣고 저어준다.

4인분	
갈색 콩 150g	큰 양파 1개
표백된 셀러리 1단	마늘쪽 2개
파슬리 1묶음	
껍질이 없는 약간의 줄무늬가 있는	
훈제 베이컨 75g	
잘 익은 토마토 4개	올리브기름 4TS
소금	갓 갈아낸 까만 후추
작은 디탈리 200g	
페코리노(양젖 치즈) 갓 갈아낸 것 3TS	

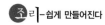 조리 – 쉽게 만들어진다

1인분 당 칼로리 : 약 2700kJ / 640kcal
단백질 30g / 26g 지방 / 72g 탄수화물
불리는 시간 : 약 12시간
요리시간 : 약 1시간 30분

미네스트라 콘 추키니

호박수프

❶ 양파를 곱게 다진다. 호박의 잎과 줄기를 떼어낸다. 야채를 길이로 4등분한다. 4분의 1쪽을 가로질러 같은 크기의 작은 네모나게 썬다. 파슬리와 나륵을 함께 곱게 다진다.

❷ 토마토를 끓는 물에 살짝 데친 후 껍질을 벗기고 4등분한다. 그러면서 꼭지와 씨를 빼낸다. 살은 크게 잘라준다.

❸ 냄비에 기름을 가열하고 양파를 그 안에 넣고 중간 불에서 굽는다. 호박을 함께 넣고 약 5분간 같이 굽는다. 허브와 토마토를 섞는다. 이 모든 걸 약한 불에서 약 30분간 뚜껑을 덮은 채 익힌다.

❹ 다른 냄비에 육수를 넣고 끓인다. 끓고 있는 육수를 호박에 붓는다. 이 수프를 소금과 후추로 간을 맞춘다. 국수를 그 안에 넣고 '알 덴트'하게 적당히 익힌다. 파메잔 치즈는 수프와 따로 대접한다.

4인분

양파 1개	작고 단단한 호박 500g
묶음 파슬리 1/2개	묶음 나륵 1/2개
잘 익은 토마토 500g	올리브기름 6TS
묽은 사골 물 (12쪽에 있는 힌트를 보시오) 또는 육수 1 1/2ℓ	
갓 갈아낸 하얀 후추	작은 디탈리 200g
소금	갓 갈아낸 파메잔 치즈 100g

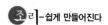

조리 – 쉽게 만들어진다

1인분 당 칼로리 : 약 1900kJ / 450kcal
단백질 21g / 지방 22g / 탄수화물 43g
요리시간 : 약 1시간

미네스트라 콘 포모도리

국수를 넣은 토마토수프

❶ 마늘쪽을 매우 곱게 다진다. 샐러리를 얇게 썰어준다. 파슬리는 곱게 다진다. 나륵 잎은 크게 자른다. 토마토는 즙과 함께 체에 넣고 걸러준다.

❷ 큰 찜통에 기름을 넣고 가열한 후, 다진 마늘, 셀러리 조각 그리고 각종 허브들을 그 안에 넣고 약한 불에서 저어주면서 약 5분간 굽는다. 그 후 토마토를 찜통에 넣고 페페론치노를 이용해 간을 맞춘다. 이 모든 걸 뚜껑을 덮은 후 약한 불에서 약 15분간 졸인다.

❸ 육수를 냄비에 넣고 끓인다. 그 후 찜통에 부어서 필요에 따라 소금으로 간을 맞춘다. 이 수프를 뚜껑을 닫은 채 약한 불에서 약 45분간 익힌다.

❹ 그 후 온도를 높여주고 국수를 수프에 넣어 '알 덴트'하게 알맞게 익힌다. 그러면서 국수가 냄비의 바닥에 붙지 않도록 자주 저어준다. 치즈를 수프와 함께 대접한다.

4인분

마늘쪽 3개	표백된 셀러리 2단
파슬리 1묶음	큰 나륵 잎 12개
캔에 있는 토마토 400g	
올리브기름 5~6TS	
갓 갈아낸 페페론치노 1줌(작고 매운 후춧가루) (대체용으로 카옌후추)	
사골 물(12쪽에 있는 힌트를 보시오) 또는 뼈를 곤 국물 또는 육수 약 1 1/2ℓ	
소금	고깔국수 150~200g
갓 갈아낸 파메잔 치즈 80g	

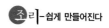

조리 – 쉽게 만들어진다

1인분 당 칼로리 : 약 1700kJ / 400kcal
단백질 17g / 지방 20g / 탄수화물 39g
요리시간 : 약 1시간 30분

디탈리 콘 모짜렐라

토마토와 모짜렐라 치즈를 넣은 국수

❶ 토마토를 끓는 물에 데치고 껍질을 벗긴 후 4등분한다. 그러면서 꼭지와 씨를 제거해준다. 손질한 토마토를 작게 네모나게 썬다. 모짜렐라 치즈를 매우 작은 네모나게 썬다. 마늘쪽은 껍질을 벗긴다. 나륵은 줄기를 빼고 매우 작게 자른다.

❷ 넓은 찜통에 기름을 가열한다. 마늘쪽을 그 안에 넣고 중간 불에서 갈색이 되도록 익혀준 후 불에서 내린다. 토마토를 그 기름 안에 넣고 소금과 페페론치노로 간을 맞춘다. 약한 불에서 뚜껑을 덮은 채 약 15분간 찐다.

❸ 국수를 소금물에서 '알 덴트'하게 알맞게 익혀주고 물기를 뺀다. 모짜렐라 치즈와 함께 토마토에 넣는다. 치즈가 완전히 녹을 때까지 저어준다. 그 후 파메잔 치즈, 버터 그리고 나륵을 함께 섞는다.

4인분
익은 토마토, 가능한 한 달걀토마토 500g
모짜렐라 치즈 200g (가능한 한 물소젖으로 만들어진 제품)
마늘쪽 2개 ㅣ 큰 나륵 묶음 1개
추가로 천연의 올리브기름 2TS ㅣ 소금
갓 갈아낸 페페론치노 두 줌 (작고 매운 후춧가루) (대체용으로 카옌후추)
디탈리 또는 고깔국수 400g
갓 갈아낸 파메잔 치즈 3TS ㅣ 버터 2TS

조리 – 쉽게 만들어진다

1인분 당 칼로리 : 약 2800kJ / 670kcal
단백질 29g / 지방 28g / 탄수화물 71g

요리시간 : 약 45분

스파게티 아글리산 새우

허브와 토마토를 넣은 스파게티

❶ 토마토를 물에 데쳐서 껍질을 벗기고 4등분하면서 꼭지와 씨를 제거한다. 살은 작게 네모나게 썬다.

❷ 샐러리를 다듬는다. 양파 반쪽과 마늘쪽을 함께 매우 곱게 다진다. 나륵, 파슬리 그리고 오레가노는 큰 줄기를 빼고 곱게 자른다.

❸ 큰 대접 안에 토마토와 샐러리, 양파, 마늘쪽 그리고 허브를 잘 섞어주고 올리브기름과도 섞은 후 소금과 후추로 간을 맞춘다. 이 섞인 야채를 약 4시간 동안 뚜껑을 덮어준 후 절인다.

❹ 그 후 국수를 소금물에서 '알 덴트'하게 적당히 익혀준다. 체에 살짝 물을 빼준다. 그 대접 안에 넣어서 섞은 야채와 함께 잘 섞는다. 이 요리는 치즈 없이 대접한다.

4인분
익고 단단한 달걀토마토 600g
표백된 샐러리 1단 ㅣ 양파 반쪽
마늘쪽 2개 ㅣ 큰 나륵묶음 1개
파슬리 1묶음 ㅣ 싱싱한 오레가노 잎 1ts
추가로 천연의 올리브기름 5TS ㅣ 소금
갓 갈아낸 까만 후추
얇은 스파게티(Nr.3) 400g

조리 – 쉽게 만들어진다

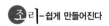

1인분 당 칼로리 : 약 200kJ / 480kcal
단백질 16g / 지방 13g / 탄수화물 74g
요리시간 : 약 30분
절이는 시간 : 약 4시간

트레네테 알 페스토 게노베제

나륵 소스에 넣은 국수

❶ 나륵을 짧게 씻어 잘 털어 말리거나 휴지로 물기를 닦는다. 잎을 떼어 내고 큼직하게 자른다. 마늘쪽의 껍질을 벗겨 압축기에 넣고 누르거나 곱게 다진다.

❷ 나륵 잎을 약간의 소금과 함께 기계에 넣고 간다. 약간의 후추, 마늘 그리고 잣을 함께 넣는다. 숟가락으로 계속해서 저으면서 숟가락 단위로 기름과 치즈를 크림이 될 때까지 섞는다. 국수를 위해 대접 한 개를 미리 데워놓는다.

❸ 국수를 큰 냄비의 소금물에 넣고 '알 덴트'하게 익혀준다. 그 후 체에 넣고 물을 빼주면서 끓인 물 한 컵 정도를 받아낸다.

❹ '페스토'를 약간의 끓인 물과 섞어 묽게 해준다. 국수를 미리 데워진 대접에 넣고 '페스토'와 함께 잘 섞어서, 즉시 대접한다.

4인분

큰 나륵 묶음 4개	마늘쪽 4개	소금
갓 갈아낸 하얀 후추	잣 2TS	
차갑게 짜낸 올리브기름 약 1/8ℓ		
페코리노(양젖 치즈), 갓 갈아낸 것 80g		
페투치네 또는 트레네테 400g		
얇은 줄 국수(대체용으로 스파게티)		

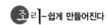 **조리**-쉽게 만들어진다

1인분 당 칼로리 : 약 3600kJ / 860kcal
단백질 25g / 지방 51g / 탄수화물 77g
요리시간 : 약 1시간

스파게티 콘 아글리오, 올리오 에 페페론치노

마늘, 올리브기름 그리고 후추를 넣은 스파게티

❶ 큰 냄비 안에 충분한 양의 소금물과 스파게티를 넣어 '알 덴트'하게 삶는다.

❷ 그 사이에 마늘쪽의 껍질을 벗기고 포크나 넓은 칼로 눌러준다. 파슬리를 씻어서 털어 말리고 줄기를 빼고 곱게 다져준다. 국수를 위한 대접을 미리 데워놓는다.

❸ 작은 후라이팬에 기름을 가열하고, 마늘과 페페론치노를 함께 넣는다. 중간 불에서 마늘쪽이 황금색이 될 때까지 구워주고 마늘과 페페론치노를 후라이팬에서 빼낸다.

❹ 국수의 물을 부어주면서 숟가락으로 몇 번 그 물을 받아 놓는다. 반죽은 체에 걸러서 미리 데워진 대접에 넣는다.

❺ 뜨거운 마늘기름을 국수 위에 붓는다. 필요에 의해 국수 삶은 물 2~3TS을 넣어준다. 파슬리를 뿌려주고 잘 섞어준 후 즉시 대접한다. 치즈는 따로 대접한다.

4인분

스파게티 400g	소금	마늘쪽 5개
파슬리 1묶음	차갑게 짜낸 올리브기름 6TS	
약 1cm 크기의 말린 페페론치노(작고 매운 후춧가루) (대체용으로 칠리 조각)		
페코리노(양젖 치즈) 또는 갓 갈아낸 파메잔 치즈 4TS		

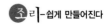 **조리**-쉽게 만들어진다

1인분 당 칼로리 : 약 2200kJ / 520kcal
단백질 20g / 지방 19g / 탄수화물 68g
요리시간 : 약 30분

펜네 알 고르곤촐라

고르곤촐라 소스를 넣은 스파게티

❶ 큰 냄비에 국수를 소금물에 넣고 '알 덴트' 하게 익힌다.
❷ 그 사이에 고르곤촐라의 껍질을 벗긴다. 치즈는 네모나게 썬다. 셀비어 잎을 씻어내고 휴지로 물기를 제거한다.
❸ 식탁에도 놓을 수 있는 큰 후라이팬에 버터를 약한 불에서 녹인다. 셀비어 잎을 그 안에 넣고 약간 익힌 후 빼낸다. 고르곤촐라 치즈가 완전히 녹을 때까지 저어주면서 가열한다. 그러면서 이따금씩 크림의 3분의 2를 넣어준다. 고르곤촐라 소스를 소금과 충분한 양의 후추로 간을 맞춘다. 뚜껑을 연 채 약한 불에서 약간 졸인다.
❹ 국수를 체에 넣고 물을 빼주고 후라이팬에 넣어준 후 고르곤촐라 소스와 섞는다. 요리에 물기가 너무 부족하면 남은 크림을 부어준다. 기호에 따라 후추를 준비해 둔다.

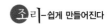

4인분
펜네(짧고 기울어진 통 모양의 국수) 또는
조각조각 갈라진 부카티니(얇은 마카
로니) 400g │ 소금
너무 잘 익지 않은 고르곤촐라 치즈 200g
싱싱한 셀비어 잎 4~6개 │ 버터 30g
크림 250g │ 갓 갈아낸 하얀 후추

조리 ─쉽게 만들어진다

1인분 당 칼로리 : 약 3300kJ / 790kcal
단백질 25g / 지방 45g / 탄수화물 69g
요리시간 : 약 30분

베르미첼리 알 수고 디 바실리코

나륵 소스를 넣은 얇은 스파게티

❶ 필요하다면 나륵을 살짝 데친다(나륵은 씻을 때 그 특유의 향기를 잃어버린다). 잎을 떼어 내주고(시든 입을 골라낸다) 곱게 다진다.
❷ 큰 냄비에 소금물을 넣고 국수를 '알 덴트' 하게 삶는다.
❸ 그 사이에 약한 불에서 후라이팬에 버터를 녹인다(갈색이 되면 안 된다). 또 다른 후라이팬에 크림을 살짝 데워준다.
❹ 국수를 체에 넣고 물기를 잘 빼준 후, 불에 변형되지 않는 대접이나 찜통(식탁에도 내놓을 수 있을만한 용기)에 담는다. 국수를 녹은 버터와 데워진 크림, 나륵, 충분한 양의 후추, 약간의 소금, 그리고 치즈와 함께 잘 섞는다. 뚜껑을 덮은 채 아직 따뜻한 레인지 위에서(가열하지 말 것!) 5분간 익힌다.

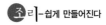

4인분
큰 나륵 묶음 3개 │ 소금
베르미첼리 또는 링구이네(얇은 스파게티)
400g │ 버터 100g │ 크림 1/4ℓ
갓 갈아낸 하얀 후추
페코리노(양젖 치즈) 갓 갈아낸 것 40g

조리 ─쉽게 만들어진다

1인분 당 칼로리 : 약 3300kJ / 790kcal
단백질 20g / 지방 46g / 탄수화물 72g
요리시간 : 약 30분

변용 이 요리를 똑같은 양의 파슬리로 준비 할 수 있고, 크림에 무스카드를 추가해 간을 맞출 수 있다.

스파게티 콘 추키니

호박과 토마토를 넣은 스파게티

❶ 양파를 작게 다진다. 호박은 네모나게 썬다. 나륵도 작게 잘라준다. 토마토는 살짝 데치고 껍질을 벗긴 후 반으로 가른 후 꼭지와 씨를 제거한 채 작게 썰어준다.
❷ 올리브기름을 가열하고 양파를 넣어 중간 불에서 5분간 구워주고 호박을 2~3분간 같이 구워준 후 토마토를 함께 섞는다. 소금, 페페론치노 그리고 나륵으로 간을 맞춘다. 야채를 약한 불에서 익힌다.
❸ 국수를 '알 덴트' 하게 삶고 물기를 빼준 후 소스와 함께 섞는다. 치즈는 따로 대접한다.

4인분
양파 1개 | 작고 단단한 호박 500g
나륵 반 묶음 | 잘 익은 토마토 350g
차갑게 짜낸 올리브기름 5~6TS | 소금
갈아낸 페페론치노 한 줌(작고 매운 후춧가루) (대체용으로 카옌후추)
스파게티 400g
페코리노(양젖 치즈) 갓 갈아낸 것 80g

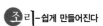
조리-쉽게 만들어진다

1인분 당 칼로리 : 약 240kJ / 570kcal
단백질 24g / 지방 21g / 탄수화물 75g
요리시간 : 약 1시간

마카로니 콜 브로콜로

브로콜리를 넣은 마카로니

❶ 술타나는 15분간 미지근한 물에서 불린다.
❷ 브로콜리를 다듬는다. 줄기는 떼어내고 십자형으로 아래에서부터 깊게 자른다. 이 야채를 소금물에서 거의 '알 덴트' 하게 삶는다. 물을 부어내고 꽃 모양으로 떼어낸다.
❸ 양파는 얇은 고리모양으로 자른다. 마늘은 눌러준다. 멸치는 곱게 썬다. 토마토는 데치고 껍질을 벗겨서 반으로 가른 후 꼭지와 씨 없이 곱게 다진다.
❹ 기름의 반을 가열하고 양파를 5분간 약한 불에서 구워준다. 그 후 토마토를 함께 넣어주고 소금으로 간을 해준 후 뚜껑을 덮은 채 약 30분간 익힌다. 그 후 브로콜리를 5~10분간 뚜껑을 덮은 채 소스에서 익힌다.
❺ 남은 기름을 가열한다. 마늘을 그 안에 넣고 5분간 약한 불에서 굽고 멸치를 2~3분간 함께 구워준다. 술타나의 물기를 빼고 잣과 멸치 소스와 함께 5분간 같이 굽는다.
❻ 마카로니를 4~5cm 크기로 부순다. 소금물에 넣고 '알 덴트' 하게 익힌다. 국수를 위해 대접을 미리 데워놓는다. 국수의 물을 뺀다. 처음에는 멸치 소스와 섞어주고 그 후 브로콜리-토마토를 부어준다. 나륵과 치즈를 그 위에 뿌린다. 이 모든 걸 잠시 섞는다.

4인분
술타나(건포도의 일종) 50g | 양파 1개
브로콜리 1kg | 소금 | 마늘쪽 2개
잘 익은 토마토 500g | 정어리 살 6개
차갑게 짜낸 올리브기름 8TS
잣 50g | 마카로니 400g | 나륵 반 묶음
페코리노(양젖 치즈) 갓 갈아낸 것 60g

조리-손님을 위한 요리

1인분 당 칼로리 : 약 3300kJ / 790kcal
단백질 36g / 지방 34g / 탄수화물 90g
요리시간 : 약 1시간 45분

부카티니 알 카볼피오레

꽃양배추를 넣은 얇은 마카로니

어떠한 계절이든, 꽃양배추는 항상 제철이다!
이 요리와 함께 미각적 세련됨을 넓힐 수 있다.

4인분

작은 꽃양배추 1개 (600g)	소금	양파 1개	마늘쪽 2개	멸치 살 5개
차갑게 짜낸 올리브기름 4TS	사프란 칼끝에 묻힐 정도의 양
갈아낸 페페론치노(작고 매운 후춧가루) 한줌 (대체용으로 카옌후추)
부카티니(얇은 마카로니) 또는 고깔국수 400g
페코리노(양젖 치즈) 갓 갈아낸 것 80g

조리 - 쉽게 만들고 세련됨

1인분 당 칼로리 : 약 2400 KJ/ 570kcal
단백질 30g / 지방 19g / 탄수화물 74g
요리시간 : 약 1시간

❶ 꽃양배추를 다듬고 줄기의 껍질을 벗긴 후 아래에서부터 십자
모양으로 2cm 깊이로 자른다. 소금물에서 약 15분간 '알 덴테'
하게 삶아준다. 양파와 마늘쪽을 곱게 다진다. 멸치 살은 곱게 썰
거나 포크로 눌러 으깬다.

❷ 기름을 가열하고 양파와 마늘을 약한 불에서 계속 저어주면서
부드러워질 때까지 굽는다. 절대로 갈색이 되어서는 안 된다. 멸
치를 함께 넣어 2~3분간 함께 저어주고 포크로 계속해서 크림처
럼 되도록 젓는다.

❸ 꽃양배추의 물을 부어주면서 물을 약간 받아낸다. 꽃 모양으
로 각각 나눈 후 멸치와 함께 넣어준다. 사프란을 끓인 물에서 약
간 묽게 하고 페페론치노로 간을 맞춘 후 양배추에 넣어준다. 뚜
껑을 덮은 채 약 5분간 익힌다. 중간에 한번쯤 뒤집어 준다.

❹ 국수를 양배추를 삶은 물에 넣고(비상시 소금물을 부어준다) '알
덴테' 하게 삶아준다. 물을 빼고 찜통에 꽃양배추와 함께 섞어서
불을 끈 레인지 위에 뚜껑을 닫은 채 5분간 익게 놔둔다. 치즈를
따로 대접한다.

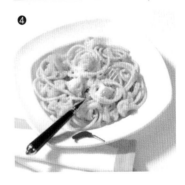

스파게티 알라 치오치아라

피망을 넣은 스파게티

이 간단한 요리는 로마에서 비롯되었다. 그 곳에서는 과거에도 그랬고 현재에도 국수 요리에 파메잔 치즈보다는 페코리노를 더 잘 이용한다. 이 요리법에는 꼭 양젖 치즈를 뿌려주길 바란다. 그 것이 이 요리에 좋은 점수를 더해 줄 것이다.

4인분

양파 1개 | 큰 피망 2개 | 까만 올리브 200g | 캔에 있는 토마토 400g

차갑게 짜낸 올리브기름 8TS | 소금 | 갓 갈아낸 까만 후추 | 스파게티 400g

페코리노(양젖 치즈) 갓 갈아낸 것 80g

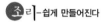 **조리** - 쉽게 만들어진다

1인분 당 칼로리 : 약 3300kJ / 790kcal
단백질 24g / 지방 43g / 탄수화물 78g
요리시간 : 약 1시간 15분

❶ 양파를 곱게 다진다. 피망은 4등분하고 씨와 하얀 껍질을 제 거한 후 씻고 휴지로 말린다. 그 후 피망의 4분의 1을 1cm 굵기 의 채로 썬다. 토마토는 체에 넣고 살짝 물기를 빼준 후 큼직하게 잘라준다.

❷ 기름을 가열한다. 양파를 그 안에 넣고 중간 불에서 저으면서 약 5분간 굽는다(절대로 갈색이 되어서는 안 된다). 그 후 토마토와 피망과 올리브를 함께 넣는다. 소금과 후추로 간을 맞춘다. 소스 가 담긴 뚜껑을 닫은 채 약한 불에서 약 30~40분간 졸인다.

❸ 그 사이에 큰 냄비에 충분한 양의 소금물을 끓인다. 국수를 그 안에 넣고 '알 덴트' 하게 삶는다. 대접을 미리 데워놓는다. 그 후 국수를 체에 넣고 물기를 확실하게 빼준다.

❹ 완성된 소스를 미리 데워진 대접에 붓고 스파게티와 잘 섞는 다. 이 요리를 뚜껑을 덮은 채 3~4분간 익힌다. 양젖 치즈를 뿌 려서 즉시 대접한다.

푸실리 아글리 스피나치

시금치를 넣은 나선모양의 국수

❶ 파슬리와 나륵을 곱게 썬다. 시금치를 다듬고 시들은 잎이나 두꺼운 줄기는 제거한다. 잎을 여러 번 차가운 물에 씻는다.
❷ 젖은 상태에서 찜통에 넣어서 뚜껑을 덮은 채 약한 불에서 잎이 힘이 없어질 때까지 데쳐준다. 그 후 체에 넣고 식힌다. 식힌 시금치의 물기를 잘 짜내고 잎을 곱게 다진다.
❸ 국수를 충분한 양의 소금물에 '알 덴트'하게 삶는다.
❹ 버터와 기름을 약간 데워준다. 야채를 넣고 2~3분간 약한 불에서 구워준 후 시금치를 함께 섞는다. 이 모든 걸 소금과 무스카드로 간을 맞추고 저어준 후 약 5분간 익힌다. 크림을 시금치에 부어서 가열한다. 찜통을 레인지에서 빼낸다. 접시 하나를 데워놓는다.
❺ 국수의 물을 부어주고 물기가 빠지게 한다. 미리 데워놓은 대접에 시금치와 파메잔 치즈를 섞는다. 대접에 뚜껑을 씌우고 3~4분간 익힌다. 기호에 따라 후추를 따로 놓는다.

4인분
파슬리 1묶음 | 나륵 1묶음
어린 시금치 약 750g | 푸실리 400g
소금 | 버터 60g | 크림 1/4ℓ
차갑게 짜낸 올리브기름 2TS
갓 갈아낸 무스카드 견과 한 줌
파메잔 치즈 갓 갈아낸 것 80g

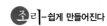
조리 -쉽게 만들어진다

1인분 당 칼로리 : 약 3400kJ / 810kcal
단백질 27g / 지방 45g / 탄수화물 72g
요리시간 : 약 1시간

펜네 알 수고 디 아스파라기

아스파라거스 소스를 넣은 국수

❶ 샐러리 막대, 당근 그리고 양파를 곱게 다진다. 토마토의 물기를 약간 빼주고(그 물을 받아둔다) 큼직하게 잘라준다.
❷ 아스파라거스의 하얀색 끝을 잘라준다. 완전히 초록인 아스파라거스의 아래 부분 1/3의 껍질을 벗긴다. 4cm 길이의 조각으로 자른다. 아스파라거스의 머리부분은 4~5cm 정도로 내버려둔다.
❸ 버터를 가열하고 다진 야채를 중간 불에서 약 10분간 저어주면서 굽는다. 그 후 아스파라거스 조각을 함께 넣고 약 5분간 함께 굽는다. 토마토를 함께 섞어 이 모든 걸 소금이나 후추로 간을 해주고 뚜껑을 덮은 채 15분간 약한 불에서 익힌다. 필요에 따라 토마토 즙을 약간 넣는다. 대접을 하나 미리 데워놓는다.
❹ 그 사이에 국수를 충분한 양의 소금물에 '알 덴트'하게 삶는다. 물기를 빼고 대접에 넣어 소스와 섞어준다. 국수를 2~3분간 익힌다. 치즈를 따로 대접한다.

4인분
표백된 샐러리 1단 | 작은 당근 1개
양파 1개 | 캔에 있는 토마토 400g
녹색 아스파라거스 750g | 버터 75g
소금 | 갓 갈아낸 하얀 후추
펜네 400g
파메잔 치즈 갓 갈아낸 것 50g

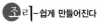
조리 -쉽게 만들어진다

1인분 당 칼로리 : 약 2400kJ / 570kcal
단백질 23g / 지방 22g / 탄수화물 75g
요리시간 : 약 1시간

마케로니 알 포모도로

토마토 소스를 넣은 마카로니

❶ 양파의 껍질을 벗기고 작은 네모나게 썬다. 나륵을 필요에 따라 물로 씻어주고 큼직하게 잘라준다. 토마토는 대접에 넣고 포크로 눌러 으깬다.

❷ 큰 찜통에 올리브기름 5TS을 넣고 가열한다. 양파를 그 안에 넣고 약 5분간 익힌 후 토마토를 즙과 함께 넣는다. 소금, 페페론치노, 설탕, 월계수 잎과 나륵으로 간을 맞추고 이 소스를 약한 불에서 뚜껑을 연 채 졸인다.

❸ 그 사이에 큰 냄비에 충분한 양의 소금물을 넣고 끓인다. 마카로니를 손가락 길이의 조각으로 부순다. 국수를 물에 넣고 '알 덴트'하게 삶은 후 물을 부어주고 체에 넣어서 물기를 잘 빼준다.

❹ 월계수 잎을 토마토소스에서 빼낸다. 남은 기름은 소스와 섞는다. 국수를 그 안에 넣고 필요에 따라 한번 더 가열해준다. 국수를 대접한다. 치즈는 따로 내놓는다.

4인분		
양파 1개 | 나륵 반 묶음		
캔에 있는 토마토 800g		
차갑게 짜낸 올리브기름 7TS | 소금		
갈아낸 페페론치노 (작고 매운 후춧가루)		
2줌 (대체용으로 카옌후추) | 설탕 1줌		
월계수 잎 1장 | 마카로니 400g		
파메잔 치즈 갓 갈아낸 것 80g		

조리-쉽게 만들어진다

1인분 당 칼로리 : 약 2500kJ / 600kcal
단백질 23g / 지방 23g / 탄수화물 75g
요리시간 : 약 1시간

타글리아텔레 아이 풍기

버섯을 넣은 리본 모양의 국수

❶ 마늘쪽의 껍질을 벗기고 곱게 다진다. 토마토는 체에 넣어 물기를 빼주고 으깬다.

❷ 찜통에 기름 2TS을 넣고 가열한다. 마늘을 약 5분간 중간 불에서 기름에 넣고 구워준다. 토마토를 함께 넣어주고 이 모든 걸 소금, 후추 그리고 오레가노로 간을 맞춘다. 소스를 약한 불에서 뚜껑을 연 채 약 20분간 졸인다.

❸ 버섯을 다듬고 필요하다면 살짝 데치고 휴지로 물기를 빼준다. 그 후 얇게 썬다.

❹ 큰 후라이팬에 남은 기름을 두르고 가열한다. 버섯을 그 안에 넣고 강한 불에서 물기가 완전히 없어질 때까지 구워준다.

❺ 버섯을 토마토 소스와 섞고 소금과 후추로 간을 맞춘 후 뚜껑을 덮은 채 약 10분 간 약한 불에서 익힌다.

❻ 그 사이에 국수를 충분한 양의 소금물에서 '알 덴트'하게 삶는다. 대접을 미리 데워 놓는다. 국수의 물을 버리고 물기를 뺀다. 대접에 버섯 소스와 섞는다. 치즈를 따로 대접한다.

4인분		
마늘쪽 2개 | 캔에 있는 토마토 400g		
차갑게 짜낸 올리브기름 5TS | 소금		
갓 갈아낸 하얀 후추		
말린 오레가노 1/2ts | 식용버섯 400g		
타글리아텔레(리본 모양의 국수) 또는		
나선모양의 국수 400g		
파메잔 치즈 갓 갈아낸 것 100g		

조리-쉽게 만들어진다

1인분 당 칼로리 : 약 240kJ / 570kcal
단백질 26g / 지방 20g / 탄수화물 71g
요리시간 : 약 45분

스파게티 알레 봉골레

조개를 넣은 스파게티

이탈리아에 여행을 가는 사람들이 가장 좋아하는 요리 중 하나다.
싱싱한 조개는 요즘 어디에서든 쉽게 구할 수 있다. 이 인기 있는
요리를 종종 집에서 해먹는 데에는 그만한 이유가 충분히 있다.

4인분
조개(봉골레) 1kg | 차갑게 짜낸 올리브기름 6TS | 작은 양파 1개
마늘쪽 3개 | 약 12개의 큰 나룩 잎 | 잘 익은 토마토 350g
갈아낸 페페론치노(작고 매운 후춧가루) 1~2줌 (대체용으로 카옌후추)
소금 | 스파게티 400g

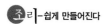 리ㅡ쉽게 만들어진다

1인분 당 칼로리 : 약 2300kJ / 550kcal
단백질 22g / 지방 20g / 탄수화물 72g
요리시간 : 약 1시간 45분

❶ 조개를 흐르는 물 아래에서 잘 씻어준다. 껍데기가 열려 있거
나 깨진 것은 모두 버린다. 봉골레를 체에 넣고 물기를 잘 빼준
다. 조개를 올리브기름 1TS과 함께 냄비에 넣고 뚜껑을 닫는다.
❷ 강한 불에서 거의 모든 조개의 입이 벌어질 때까지 약 10분간
익힌다. 모든 조개들이 골고루 익을 수 있도록 냄비를 중간에 힘
차게 흔들어준다. 그 후 체에 넣고 물기를 빼준다(물기는 받아낸
다). 입이 닫힌 조개는 버린다.
❸ 양파를 까고 곱게 다진다. 마늘도 까서 압축기에 넣고 누른다.
나룩 잎을 필요에 따라 씻고 휴지로 물기를 빼준 후 작게 다진다.
❹ 토마토는 끓는 물에 살짝 데쳐주고 껍질을 벗긴 후 4등분하면
서 꼭지와 씨를 제거해낸다. 살은 작게 다진다.

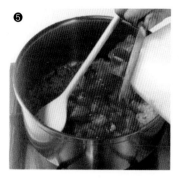

❺ 남은 기름을 가열한다. 양파를 약 5분간 저으면서 볶고, 마늘과 나륵을 약 2분간 함께 굽는다(마늘은 갈색 빛이 나면 안 된다). 토마토를 함께 넣고 약 30분간 중간 불에서 뚜껑을 닫은 채 부드럽게 익힌다.

❻ 조개를 거른 물을 모래가 없도록 매우 촘촘한 체나 거름종이로 걸러낸다. 그 후 토마토소스에 부어준다. 페페론치노로 맵게 간을 하고 필요에 따라 소금으로 간을 한다(조개를 삶았던 물은 이미 소금기가 있다).

❼ 스파게티를 충분한 양의 소금물이 담긴 큰 냄비에 넣고 '알 덴트'하게 삶는다. 그 사이에 조개를 껍질에서 벗겨내고 2~3분간 토마토 소스와 함께 익게 놔둔다. 대접을 미리 데워 놓는다.

❽ 국수를 체에 붓고 물기를 잘 뺀다. 미리 데워진 대접에 넣고 조개 소스와 잘 섞는다(이 요리에는 치즈를 대접하지 않는다).

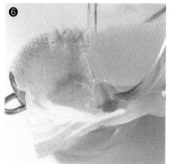

변용

스파게티 알레 봉골레 인 비앙코

6개의 마늘쪽을 까고 포크나 넓은 칼로 눌러 으깬다. 큰 후라이팬에 올리브기름 6TS과 페페론치노 한 조각을 함께 넣어 중간 불에서 마늘이 거의 까만 색이 될 때까지 구워준다. 그 후 마늘과 페페론치노를 꺼낸다. 조개를 요리법에 따라 준비해두고 후라이팬에 넣은 후 뚜껑을 닫고 거의 모든 껍질이 열릴 때까지 가열한다. 그 사이에 국수를 '알 덴트'히게 삶아주고 물을 버릴 때 물 4TS을 받아놓은 후 조개에 넣어준다. 이 스파게티를 미리 데워놓은 대접에 넣는다. 껍질 안에 있는 조갯살에 국수 끓인 물을 골고루 뿌린다. 큼직하게 다진 파슬리 한 묶음을 그 위에 뿌린다. 후추와 빈 껍질을 담을 접시, 그리고 손 씻을 물과 함께 종이냅킨을 준비해둔다.

스파게티 콘 레 세피

오징어 소스를 넣은 스파게티

오징어는 굽거나 튀긴 것만이 맛이 있는 것이 아니라 간단한 국수 요리에서도 미식가들에게 좋은 평을 들을 수 있다.

❶ 꽁꽁 얼린 오징어를 해동시킨다. 오징어를 씻고 뼈를 제거한다. 다리는 조각으로, 몸은 약 1/2cm 넓이의 채나 고리로 자른다.

❷ 토마토는 체에 넣어서 물을 약간 빼준 후 체에 걸러낸다. 또는 토마토를 믹서기에 넣고 퓌레(감자, 껍질콩, 야채, 고기 따위를 이겨 만든 죽)로 만든다.

❸ 양파를 까고 곱게 다진다. 마늘쪽의 껍질을 벗기고 압축기에 넣고 누른다. 샐러리를 다듬고 필요에 따라 딱딱한 겉껍질을 제거한 후 씻어서 얇게 잘라준다. 당근을 씻고 껍질을 벗긴 후 거칠게 간다. 파슬리를 씻고 털어말린 후 작게 자른다. 로즈마리를 씻고 잎을 제거한 후 작게 저미거나 자른다.

❹ 찜통에 올리브기름 4TS와 돼지기름을 가열한다. 양파, 마늘, 샐러리 그리고 당근을 그 안에 넣고 중간 불에서 약 5분간 저으면서 굽는다.

❺ 아까 작게 잘라준 오징어 다리는 함께 넣어주고 약한 불에서 완전히 부드러워질 때까지 굽는다(약 20분간 걸리는데, 오징어의 크기에 따라 시간이 달라진다). 때때로 백포도주를 부어준다.

❻ 파슬리와 로즈마리를 함께 넣어 5분간 뚜껑을 연 채 굽는다. 오징어 몸통을 같이 넣어서 마찬가지로 4~5분간 구워준다. 그 후 토마토를 함께 넣는다. 이 모든 걸 소금과 후추로 간을 해준다. 뚜껑을 닫은 후 약한 불에서 오징어의 질에 따라 30분에서 1시간 정도 부드럽게 익힌다(중간에 시식해본다).

❼ 그 사이에 국수를 충분한 양의 소금물과 남은 기름에 '알 덴트'하게 삶아주고 체에 넣고 물을 부어준다. 대접을 하나 데워놓는다.

❽ 스파게티를 대접에서 오징어 라구와 함께 잘 섞어주거나 소스와 국수를 따로 대접한다. 이 요리에는 치즈를 대접하지 않는다.

4인분

| 싱싱하거나 냉동되어 있는 조리용으로 |
| 다듬어진 오징어(세피 또는 칼라마리) 500g |
캔에 있는 토마토 400g	양파 1개
마늘쪽 2개	표백된 셀러리 1단
당근 1개	파슬리 1묶음
로즈마리 1가지 (대체용으로 말린
로즈마리 1줌)
차갑게 짜낸 올리브기름 5TS
돼지기름 3TS	스파게티 400g
백포도주 또는 야채를 고아낸 물 4~6TS
소금	갓 갈아낸 까만 후추

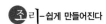

조리 - 쉽게 만들어진다

1인분 당 칼로리 : 약 3000kJ / 710kcal
단백질 35g / 지방 27g / 탄수화물 78g
요리시간 : 약 2시간

스파게티 콘 이 감베레티

가넬레 수고(소스)를 넣은 스파게티

❶ 얼린 가넬레를 해동한다. 마늘쪽을 매우 곱게 다진다. 나륵과 파슬리는 마찬가지로 각각 곱게 다진다. 토마토는 데치고 껍질을 벗긴 후 4등분한다. 살은 꼭지와 씨를 떼어낸 후 곱게 다진다.
❷ 가넬레를 씻고 큼직하게 잘라준다. 버터를 너무 강하게 가열하지 않는다. 마늘을 안에 넣고 약 5분간 약한 불에서 옅은 황금색이 되도록 굽는다. 가넬레를 함께 넣어주고 몇 번 저어준다. 토마토와 나륵을 함께 넣는다. 여기에 소금과 후추를 넣어 15분간 뚜껑을 덮은 채 약한 불에서 익힌다.
❸ 국수를 소금물과 기름에서 '알 덴트'하게 삶는다. 물기를 빼고 파슬리를 가넬레 수고와 섞거나 각각 따로 대접한다.

4인분
싱싱하거나 얼린 가넬레(유럽산 새우의 일종) 350g | 마늘쪽 3개 | 나륵 5가지
파슬리 반 묶음 | 잘 익은 토마토 300g
버터 100g | 소금 | 갓 갈아낸 하얀 후추
얇은 스파게티 또는 부카티니(얇은 마카로니) 400g | 올리브기름 1TS

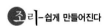 조리-쉽게 만들어진다

1인분 당 칼로리 : 약 2600kJ / 620kcal
단백질 17g / 지방 25g / 탄수화물 72g
요리시간 : 약 45분

스파게티 알 수고 디 페스체

시칠리아식 생선 수고를 넣은 스파게티

❶ 생선 살에 레몬즙을 뿌려준다. 마늘쪽은 눌러준다. 올리브는 큼직하게 자른다. 멸치, 케이퍼 그리고 파슬리는 작게 다진다. 토마토의 물기를 약간 빼주면서 즙은 받아낸다. 토마토를 체에 걸러낸다.
❷ 기름을 가열한다. 마늘, 올리브, 멸치 그리고 케이퍼를 그 안에 넣고 약한 불에서 5분간 굽는다. 백포도주로 식힌 후 이 액체를 중간 불에서 저어주면서 익힌다. 체에 걸러낸 토마토를 함께 넣는다. 소금과 페페론치노로 간을 해서 약 15분간 뚜껑을 닫고 익힌다. 필요에 따라 약간의 토마토 즙을 넣어준다. 파슬리를 함께 넣어준다. 생선 살에 약간의 소금을 쳐준다. 소스에 넣어 뚜껑을 닫은 채 약한 불에서 약 10분간 익힌다. 중간에 한번 뒤집어 준다.
❸ 스파게티를 소금과 기름을 섞은 물에 넣고 '알 덴트'하게 삶아 물을 뺀다.
❹ 생선 살을 포크로 갈라준 후 섞는다. 국수를 '수고'와 함께 잘 섞거나 소스와 국수를 따로 대접한다.

4인분
농어 살 450g | 레몬 1개의 즙
마늘쪽 2개 | 씨가 없는 올리브 50g
정어리 살 3개 | 케이퍼 1TS | 파슬리 1묶음
캔에 있는 토마토 400g
추가로 천연의 올리브기름 5TS
완전 발효된 백포도주 1/8ℓ | 소금
갈아놓은 페페론치노 2줌(작고 매운 후 춧가루) (대체용으로 카옌후추)
올리브기름 1TS | 스파게티 400g

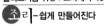 조리-쉽게 만들어진다

1인분 당 칼로리: 약 2700kJ / 640kcal
단백질 39g / 지방 20g / 탄수화물 74g
요리시간 : 약 1시간

스파게티 알 톤노 에 포모도리

참치 라구(절임)를 넣은 스파게티

이탈리아인들은 생선을 즐겨 먹는다. 해변에서 여러 해산물을 얻는 것은 어렵지 않다. 그러나 내륙에 사는 사람들은 생선을 어떻게 보관해야 좋을 지에 대해 깊이 생각해 봐야만 했다. 그러다 보니 수많은 '수기 알 톤노', 즉 참치 라구가 생겨난 것이다.

4인분
마늘쪽 2개	멸치 살 4개	기름을 빼지 않은 손질한 참치 200g(순살코기)
토마토 캔 400g	추가로 천연의 올리브기름 3TS
칼끝에 묻힐 정도로 소량의 갈아낸 페페론치노(작고 매운 후춧가루) (대체용으로 카엔후추)	소금
기호에 따라 야채를 고아낸 물 2~3TS	파슬리 1묶음	스파게티 400g

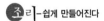

 리-쉽게 만들어진다

1인분 당 칼로리 : 약 2400kJ / 570kcal
단백질 29g / 지방 19g / 탄수화물 71g
요리시간 : 약 50분

❶ 마늘쪽을 까고 멸치 살과 함께 곱게 다진다. 참치의 물을 빼고 포크로 으깬다. 토마토를 큼직하게 자른다.
❷ 올리브기름을 가열한다. 마늘쪽과 멸치 살을 그 안에 넣고 약한 불에서 5분간 굽는다. 참치를 함께 넣어주고 페페론치노와 약간의 소금으로 간을 맞춘다. 약 5분간 더 익힌다. 토마토를 넣어준다. 모든 재료를 중간 불에서 20분간 뚜껑을 연 채 졸인다.
❸ 소스가 너무 졸게되면, 약간의 야채를 고아낸 물을 넣어 묽게 한다. 파슬리를 씻고 흔들어 말린 후 곱게 다진다. 다진 허브를 익히기 바로 직전에 참치 라구 아래로 섞어준다. 한번 더 라구의 간을 맞춘다.
❹ 큰 냄비에 스파게티를 충분한 양의 소금물에 넣고 '알 덴트' 하게 삶아준다. 체에 붓고 물을 완전하게 뺀다. 국수를 소스와 섞는다. 뚜껑을 닫고 불을 끈 레인지 위에서 2~3분간 더 익게 놔둔다. 치즈 없이 대접한다. 국수와 라구를 따로 대접해도 된다.

스파게티 알라 푸타네스카

매운 토마토 · 정어리 소스에 넣은 스파게티

이 요리법은 원래 이시아라는 섬에서 시작되었으며, 그 맛이 단순하지만 세련되면서 풍부하고, 독특한 맛을 내는 특징이 있어 오래 전부터 이탈리아의 온 대륙을 휩쓸었던 요리법이다. 따라서 이 요리법을 안다는 것은 대륙의 맛을 음미한다고 해도 과언이 아닐 것이다.

4인분

마늘쪽 3개 │ 정어리 살 8~10개 │ 까만 올리브 150g │ 케이퍼 1~2TS
잘 익은 토마토 500g │ 차갑게 짜낸 올리브기름 6~8TS │ 소금
칼끝에 묻힐 정도로 소량의 갈아낸 페페론치노 (대체용으로 카옌후추)
스파게티 400g

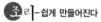-쉽게 만들어진다

1인분 당 칼로리 : 약 3000kJ / 710kcal
단백질 26g / 지방 38g / 탄수화물 75g
요리시간 : 약 1시간

❶ 마늘쪽을 까고 얇게 썬다. 정어리 살은 곱게 다지거나 저민다. 올리브의 씨를 제거해주고 큼직하게 자른다. 케이퍼를 마찬가지로 곱게 다진다.
❷ 토마토를 끓는 물에 살짝 데치고 껍질을 벗긴 후 4등분한다. 꼭지와 씨를 없앤다. 살은 큼직하게 자른다.
❸ 기름을 가열한다. 마늘쪽은 약한 불에서 짧게 구워준다. 정어리 살을 같이 넣어서 으깬다. 올리브, 케이퍼 그리고 토마토를 함께 넣는다. 약간의 소금과 페페론치노로 간을 한다. 뚜껑을 덮고 약 30분간 약한 불에서 익힌다.
❹ 그 사이에 큰 냄비에 충분한 양의 소금물을 끓이고 스파게티를 넣어 '알 덴트'하게 삶는다. 국수를 체에 부어 물기를 잘 빼준다. 대접을 미리 데워놓는다. 국수를 그릇에 담고 소스와 잘 섞어준다. 치즈 없이 대접한다.

콘치글리에 알 페스체

생선 소스를 넣은 조개 모양의 국수

❶ 당근의 껍질을 벗기고 얇게 썬다. 마찬가지로 양파 한 개를 까고 8등분 한다. 파슬리 가지를 씻는다.

❷ 중간크기의 냄비에 당근조각과 양파와 파슬리, 월계수 잎 그리고 후추 알맹이를 약 20분간 물 1ℓ에 넣고 뚜껑을 덮은 채 끓인다. 소금으로 간을 하고 레몬즙을 함께 넣는다.

❸ 그 후 뚜껑을 닫고 약한 불에서 꼬리를 빼낼 수 있을 때까지 생선을 익게 놔둔다(약 20분 걸린다). 생선을 소스에서 꺼내고 약간 식힌다. 소스를 체에 걸러내고 약 1/8을 받아낸다.

❹ 남은 양파를 까고 곱게 다진다. 마늘쪽을 까고 얇게 썬다. 멸치를 곱게 다진다.

❺ 생선살은 껍질과 꼬리와 뼈를 제거하고 곱게 다진다.

❻ 큰 찜통에 올리브기름 5TS를 가열하고 양파를 저으면서 중간 불에 약 5분간 굽는다(양파는 이때 갈색이 되면 안 된다). 그 후 썰어놓은 생선을 함께 넣고 약 5분간 더 구워준다. 토마토퓌레를 1/8ℓ의 생선 즙과 함께 매끈하게 저어주고 찜통에 부어준다. 이 소스를 매우 약한 불에서 약 10분간 익힌다.

❼ 그 사이에 작은 후라이팬에 남은 올리브기름을 가열한다. 마늘조각을 약한 불에서 약간 황금색이 될 때까지 굽는다. 그 후 멸치 살을 함께 넣고 포크로 크림이 될 때까지 젓는다.

❽ 충분한 양의 소금물을 1TS의 기름을 넣어 끓이고 국수를 그 안에 넣고 '알 덴트' 하게 익힌다. 그리고 나서 물기를 잘 빼준다.

❾ 멸치 소스를 생선 소스와 함께 섞는다. 마르살라를 함께 부어준다. 소스를 소금과 후추로 간을 한 다음에 잘 섞는다.

❿ 찜통에 담긴 국수를 생선 소스와 함께 섞고 뚜껑을 닫은 채 불이 꺼진 레인지 위에서 2~3분간 익힌다. 이 요리는 원칙대로는 아니지만 국수와 소스를 따로 내놓으면 매우 먹음직스러워 보인다. 이 요리에는 치즈를 대접하지 않는다.

4인분

당근 1개	양파 2개	파슬리 가지 3개
월계수 잎 반 개	후추알맹이 4개	
소금	레몬 즙 1ts	
조각으로 된 카벨야우(생선) 500g		
마늘쪽 3개	멸치 살 5개	
차갑게 짜낸 올리브기름 8TS		
토마토퓌레 1 1/2TS	소금	
올리브기름 1TS		
콘치글리에(조개 모양의 국수) 400g		
마른 마르살라 3TS		
갓 갈아낸 하얀 후추		

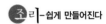

조리 – 쉽게 만들어진다

1인분 당 칼로리 : 약 2800kJ / 670kcal
단백질 41g / 지방 22g / 탄수화물 75g
요리시간 : 약 1시간 30분

스파게티 알라 카르보나라

베이컨과 달걀을 넣은 스파게티

❶ 마늘을 깐다. 베이컨은 작은 네모나게 썬다.
❷ 크고 넓은 후라이팬에 돼지기름을 가열한다. 마늘을 그 안에 넣고 중간 불에서 갈색이 되도록 잘 굽는다. 그 후 베이컨 조각을 바삭바삭하게 구워주고 계속해서 따뜻하게 보관한다.
❸ 국수를 소금물에서 '알 덴트' 하게 삶아준다.
❹ 달걀을 치즈, 소금 그리고 후추와 함께 거품기로 잘 섞는다.
❺ 스파게티의 물을 잘 빼준다. 후라이팬에 베이컨과 함께 섞는다. 그 후 후라이팬을 레인지에서 내리고, 달걀을 풀어 재빠르게 넣고, 포크 두 개로 국수에 달걀이 골고루 묻혀질 때까지 저어준다. 스파게티 알라 카르보나라를 후라이팬에 있는 그대로 식탁에 대접한다.

4인분

마늘쪽 3개 | 껍질이 없고 결이 보이는
훈제 베이컨 150g
돼지기름 2TS | 스파게티 400g | 소금
달걀 3개 | 갓 갈아낸 하얀 후추
페코리노(양젖 치즈)와 파메잔 치즈 갓
갈아낸 것 각각 50g

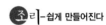 조리-쉽게 만들어진다

1인분 당 칼로리: 약 3700kJ / 880kcal
단백질 36g / 지방 53g / 탄수화물 70g
요리시간: 약 40분

부카티니 알라 칼라브레제

햄과 토마토를 넣은 얇은 마카로니

❶ 마늘쪽을 눌러 으깬다. 당근과 샐러리를 매우 곱게 다진다. 나륵 잎을 큼직하게 자른다. 햄은 작은 네모나게 썬다.
❷ 큰 찜통에(나중에 국수가 들어갈 자리도 있어야 한다) 돼지기름을 넣고 가열한다. 마늘과 당근, 그리고 샐러리를 그 안에 넣고 중간 불에서 저어주면서 8~10분간 부드러워지도록 굽는다.
❸ 그 사이에 토마토를 데치고 껍질을 벗겨 4등분한다. 꼭지와 씨를 제거한다. 살은 큼직하게 잘라준다.
❹ 햄을 야채에 넣어주고 약간 높은 온도에서 5분간 굽는다. 토마토를 함께 섞는다. 이 모든 걸 소금, 페페론치노 그리고 나륵으로 간을 맞춘다. 이 소스를 15~20분간 약한 불에서 뚜껑을 덮은 채 부드럽게 삶는다.
❺ 그 사이에 국수를 충분한 양의 소금물에서 '알 덴트' 하게 삶는다. 체에 부어 물기를 충분히 빼주고 찜통에 넣고 소스와 잘 섞는다. 대접에 담는다. 치즈는 따로 대접한다.

4인분

마늘쪽 3개 | 당근 1개
표백된 셀러리 1단 | 큰 나륵 잎 약 12장
껍질이 없고 기름기가 적당한
익히지 않은 햄 150g
잘 익은 토마토 400g | 돼지기름 50g
소금 | 갈아낸 페페론치노 1줌
(작고 매운 후춧가루)
(대체용으로 카엔후추)
부카티니 (얇은 마카로니) 400g
대체용으로 스파게티
파메잔 치즈와 페코리노(양젖 치즈)
갓 갈아낸 것 각 50g

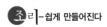 조리-쉽게 만들어진다

1인분 당 칼로리: 약 3100kJ / 740kcal
단백질 31g / 지방 35g / 탄수화물 74g
요리시간 : 약 1시간

리가토니 콘 라구 디 마이알레

돼지고기 라구를 넣은 통 모양의 국수

❶ 토마토를 체에 걸러낸다. 나룩을 큼직하게 자른다. 양파는 작게 다진다. 고기는 1cm 크기의 네모나게 썬다.

❷ 돼지기름을 가열한다. 양파를 그 안에 넣고 약 5분간 중간 불에서 구워준다. 고기를 1인분씩 추가로 넣고 강한 불에서 저어주면서 갈색이 되게 구워준다. 토마토와 나룩을 함께 넣는다. 소금과 페페론치노로 라구의 간을 맞춘다. 뚜껑을 닫은 채 약한 불에서 약 1시간 정도 익힌다. 필요에 따라 뜨거운 물을 약간 부어준다.

❸ 리가토니를 소금물에서 기름과 함께 '알 덴트'하게 삶아준다. 물기를 빼고 라구와 함께 대접한다. 페코리노를 따로 대접한다.

4인분
캔에 있는 토마토 400g | 나룩 1묶음
양파 2개 | 돼지 어깨 살 400g | 소금
돼지기름 2TS | 갈아낸 페페론치노 1줌
(작고 매운 후춧가루) (대체용으로 카엔후추)
리가토니(큰 통 모양의 국수) 400g
(대체용으로 마카로니) | 기름 1TS
페코리노(양젖 치즈) 갓 갈아낸 것 60g

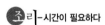

조리 – 시간이 필요하다

1인분 당 칼로리 : 약 3400kJ / 810kcal
단백질 38g / 지방 40g / 탄수화물 74g
요리시간 : 약 1시간 45분

파스타 알라 볼로네제

고기 라구를 넣은 국수

❶ 양파와 당근의 껍질을 벗긴다. 다듬은 샐러리를 곱게 다진다. 베이컨을 곱게 썬다. 토마토를 체에 걸러내고 물기를 약간 빼주고 으깬다. 즙은 받아낸다.

❷ 기름과 버터를 가열한다. 양파를 그 안에 넣고 5분간 굽는다. 그 후 당근, 샐러리 그리고 베이컨을 넣고 5분간 더 굽는다.

❸ 다진 고기를 함께 넣고 저어주면서 강한 불에 약 5분간 굽는다. 포도주로 식히고, 김이 날아가게 놔둔다. 육수를 부어주고 약간 익힌다. 토마토를 함께 섞어준다.

❹ '수고(소스)'를 소금, 후추, 카네이션, 월계수 잎 그리고 무스카드로 간을 맞춘다. 저어주면서 약한 불에서 약 1시간 동안 부드럽게 익힌다.

❺ 국수를 소금물에서 '알 덴트'하게 삶고 물기를 뺀다. 접시에 나누어준다. 라구와 치즈를 따로 놔준다.

4인분
작은 양파 1개 | 작은 당근 1개
표백된 샐러리 1단
껍질이 없고 결이 보이는 훈제 베이컨 50g
캔에 든 토마토 400g | 올리브기름 4TS
버터 20g | 다진 소고기 200g
다진 돼지고기 100g
완전 발효된 포도주 50cc
육수 5TS | 소금 | 하얀 후추 갓 갈아낸 것
양념용 카네이션 한 송이
월계수 잎 1장 | 스파게티 400g
무스카드 견과 갓 갈아낸 것
파메잔 치즈 갓 갈아낸 것 80g

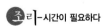

조리 – 시간이 필요하다

1인분 당 칼로리 : 약 3500kJ / 830kcal
단백질 39g / 지방 43g / 탄수화물 73g
요리시간 : 약 1시간 45분

라자네 알라 몰리사나

소시지 라구를 부은 구운 판 모양의 국수

❶ 양파와 마늘을 곱게 다진다. 토마토를 즙과 함께 체에 걸러낸 후 토마토 퓌레와 함께 섞어준다.

❷ 버터 2TS을 가열한다. 양파와 마늘을 그 안에 넣고 약한 불에서 약 8분간 저으면서 구워준다. 그 후 토마토를 함께 넣는다. 소금과 페페론치노로 간을 한다. 이 모든 걸 약한 불에서 익힌다. 미리 삶아진 라나쟈 반죽을 사용한다면, 아주 약하게만 익혀준다.

❸ 그 사이에 달걀의 끝 부분에 구멍을 찔러 넣고 10분간 완숙이 되도록 한다. 그 후 차가운 물로 식혀 껍질을 벗겨주고 작은 네모나게 자른다. 마찬가지로 모짜렐라 치즈와 베이컨을 작은 네모나게 잘라준다. 돼지고기 소시지의 껍질을 벗긴다. 소시지를 포크로 눌러 으깬다.

❹ 후라이팬에 버터 1/2TS을 녹인다. 베이컨 조각들은 그 안에 약한 불에서 익힌다. 소시지를 함께 넣은 후 저어주고 눌러줌으로써(뭉치지 않게) 중간 불에서 약 5분간 굽는다. 그 후 백포도주나 육수를 부어 김이 날아가게 한다. 그러면서 자주 저어준다. 토마토 소스와 섞어주고 이 모든 걸 약한 불에서 약 15분간 뚜껑을 덮은 채 졸인다.

❺ 삶아야 하는 라자냐 반죽을 위해 충분한 양의 소금물을 끓여 놓아야 한다. 기름을 함께 넣고 반죽을 표지에 써있는 대로 3~4인분 정도 익힌다. 반죽을 물에서 건져내고 물기를 빼준 후 나란히 헝겊 위에 올려놓는다.

❻ 오븐을 200°C로 미리 데워놓는다. 불에 변형되지 않는 직사각형 모양의 용기에 버터를 잘 발라준다.

❼ 용기의 바닥에 라자냐용 반죽을 한 장 깔고 한 술씩 토마토-소시지-소스를 얹어준다. 모짜렐라 치즈와 계란을 그 위에 얹어주고 페코리노와 파메잔 치즈를 번갈아가면서 뿌린다. 이 순서를 토마토소스와 치즈가 약간씩 남을 때까지 계속해서 반복해준다.

❽ 남은 소스를 마지막 반죽에 골고루 발라주고, 남은 치즈를 뿌려준 후 남은 버터도 얹어준다.

❾ 이 요리를 오븐에(중간) 넣고 라자냐의 높이에 따라 30~35분 정도 굽는다.

4인분
양파 1개 | 마늘쪽 3개
캔에 든 토마토 400g
토마토 퓌레 1TS
부드러운 버터 약 100g | 소금
갈아낸 페페론치노 2줌
(대체용으로 작고 매운 카옌후추)
달걀 4~5개 | 모짜렐라 치즈 300g
결이 보이는 훈제 베이컨 또는 훈제된
돼지고기 100g
간이 잘 된 돼지고기 소시지 300g
완전 발효된 백포도주 또는 육수 1/8ℓ
올리브기름 1TS
라자냐용 반죽(미리 삶거나 미리 삶지
않은 상태 모두 사용 가능) 350g
페코리노(양젖 치즈)와 파메잔 치즈 갓 갈
아낸 것 각 50g

조리-손님을 위해

1인분 당 칼로리 : 약 6100kJ / 1500kcal
단백질 66g / 지방 99g / 탄수화물 68g
요리시간 : 약 2시간

파글리아 에 피에노

햄과 크림을 넣은 얇고 색깔이 화려한 리본 모양의 국수

❶ 햄을 매우 작은 네모나게 썬다. 국수는 소금물에서 '알 덴트'하게 익힌다. 그 후 물을 완전히 빼준다.
❷ 큰 찜통에 (식탁에 올려놔야 하기 때문에 가능하면 모양이 예쁜 것) 버터를 녹이고 크림을 함께 넣는다. 파메잔 치즈를 살짝 데워진 버터크림에 골고루 섞는다. 소금, 후추 그리고 무스카드 견과로 간을 맞춘다.
❸ 햄과 국수를 소스에 넣고 잘 섞어준다. 뚜껑을 덮고 매우 약한 불에서 1~2분간 익힌 후 찜통 그대로 대접한다.

4인분

기름기가 적고 익힌 햄 150g | 소금
색깔이 다양하고 얇은 리본 모양의
국수 400g | 버터 80g | 크림 200g
갓 갈아낸 파메잔 치즈 100g
갓 갈아낸 하얀 후추
갓 갈아낸 무스카드 견과

조리 – 쉽게 만들어진다

1인분 당 칼로리 : 약 3400kJ / 810kcal
단백질 31g / 지방 47g / 탄수화물 69g
요리시간 : 약 20분

파파르델레 알 아렌티나

오리 라구를 넣은 리본 모양의 국수

❶ 오리를 8~10개의 조각으로 나눈다. 양파와 마늘, 당근 그리고 샐러리를 베이컨과 함께 매우 곱게 다진다. 야채는 곱게 저미거나 기계로 잘게 자른다.
❷ 매우 큰 찜통에 (모든 오리 조각이 나란히 놓여질 수 있어야 한다. 필요에 따라 두 개의 찜통에서 요리를 한다) 기름을 넣고 가열해준 후 다진 야채와 베이컨을 그 안에 넣고 약 5분간 중간 불에서 저으면서 구워준다. 그 후 야채와 월계수 잎을 넣는다. 오리를 그 위에 나란히 놔두고 중간 불에서 강한 불 사이에서 10분간 황금색이 되도록 굽는다.
❸ 백포도주를 부어주고 포도주가 반 밖에 남지 않을 때까지 고기를 뒤집으면서 구워준다. 토마토 퓌레를 육수에 넣고 저어준 후 고기 위에 붓는다. 모든 걸 소금과 후추로 간을 맞춘 후 잘 저어주고 뚜껑을 닫은 후 약한 불에서 1시간 15분~1시간 30분 동안 졸인다.
❹ 국수를 소금물에서 '알 덴트'하게 익혀서 물이 빠지게 한다. 고기를 찜통에서 꺼내어 따뜻하게 놔둔다. 국수와 오리 라구를 넣고 잘 섞는다. 고기 조각을 국수 위에 잘 나누어 올려준다.

4인분

작고 굽기 좋게 다듬어진 오리 1마리
양파 1개 | 마늘쪽 1개 | 당근 1개
표백된 샐러리 1단 | 월계수 잎 한 장
껍질이 없고 줄무늬가 보이는 베이컨 100g
파슬리 1묶음 | 셀비어 잎 4장
로즈마리와 타임 각각 한 가지
차갑게 짜낸 올리브기름3TS
완전 발효된 백포도주 100cc
토마토 퓌레 3TS | 육수 100cc
소금 | 갓 갈아낸 까만 후추
파파르델레(넓은 리본 모양의 국수) 400g
파메잔 치즈 갓 갈아낸 것 60g

조리 – 손님을 위해

1인분 당 칼로리 : 약 7000kJ / 170kcal
단백질 100g / 지방 110g / 탄수화물 72g
요리시간 : 약 2시간 30분

라자네 알라 콘테사

라구와 모짜렐라 치즈를 넣은 라자냐

이 요리법은 개인적으로 친분이 있는 볼로냐의 어떤 백작이 소개한 것이다.

❶ 양파, 당근, 샐러리 그리고 베이컨을 곱게 다진다. 토마토는 즙과 함께 으깬다.

❷ 만약 미리 다진 고기를 사지 않았다면, 우선 작은 네모나게 썰어줘야 한다. 베이컨은 버터 50g에서 잠깐 굽고 야채를 넣어 야채가 투명하게 되도록 구워준다. 고기를 함께 넣어 잘 익힌다. 그 후 포도주를 붓고 중간 불에서 김이 날아가게 놔둔다. 육수의 반을 붓는다. 이 모든 걸 약한 불에서 익힌다. 계속해서 육수를 조금씩 부어주고 김이 날아가게 한다.

❸ 토마토를 고기 아래에 섞는다. 이 라구를 소금, 후추로 간을 맞춘 후 재료가 다 덮어지도록 우유를 붓는다(약 1/4ℓ). 뚜껑을 닫고 매우 약한 불에서 적어도 2시간 동안 익힌다. 필요에 따라 육수를 조금 더 부어준다.

❹ 베샤멜 소스를 만들기 위해 냄비에 버터 50g을 녹인다. 밀가루를 그 안에 넣고 계속해서 저어주면서 익힌 후 남은 우유를 부어준다. 거품기로 잘 섞는다. 이 소스를 소금과 후추로 간을 한다. 소스는 너무 진득진득해지면 안 되므로 필요에 따라 우유를 조금 더 넣어 묽게 한다.

❺ 모짜렐라 치즈를 작은 네모나게 자른다.

❻ 미리 익혀진 라자냐용 반죽을 샀다면 이 순서는 빼도 좋다. 미리 익혀야 하는 라자냐용 반죽을 위해 충분한 양의 소금물을 끓인다. 기름을 함께 넣어준다. 표지에 지시하는 대로 많은 양의 반죽을 넣고 삶는다. 물에서 건져낸 후 헝겊 위에 나란히 올려놓는다.

❼ 오븐을 180°C로 미리 데워놓는다. 불에 변형되지 않는 직사각형 모양의 용기에 버터를 충분히 발라준다.

❽ 반죽을 바닥에 나란히 깔아준다. 숟가락 단위로 라구와 베샤멜 소스를 그 위에 골고루 부어준다. 모짜렐라 치즈를 그 사이에 뿌린다. 파메잔 치즈를 뿌려주고 후추로 간을 맞춘다. 모든 재료가 다 소비될 때까지 이 순서를 반복한다. 마지막 반죽은 베샤멜 소스로 완벽하게 덮어져야 한다. 나머지 파메잔 치즈를 그 위에 뿌린다. 이 요리에 충분한 양의 버터를 올려주고, 라자냐의 높이에 따라 30~40분 가량 오븐의 중간 온도에서 구워준다 (미리 익히지 않은 반죽일 경우는 40~50분간 굽는다).

4인분
양파 1개 | 큰 당근 1개
표백된 샐러리 1단
껍질이 없고 줄무늬가 보이는 베이컨 50g
캔에 든 토마토 400g
기름기가 적고 다진 소고기 350g
(또는 송아지를 다진 고기와 돼지를
다진 고기 각 175g) | 버터 약 125g
완전 발효되고 강한 포도주
100cc 또는 육수 약 100cc
소금 | 갓 갈아낸 하얀 후추
우유 약 650cc | 밀가루 50g
모짜렐라 치즈 300g | 올리브기름3TS
라자냐용 반죽 약300g (미리 익혀진 것 또는
안 익혀진 것) | 갓 갈아낸 파메잔 치즈 70g

조리—손님을 위해

1인분 당 칼로리 : 약 5700kJ / 1400kcal
단백질 62g / 지방 80g / 탄수화물 80g
요리시간 : 약 3시간 45분
(익히는 시간 2시간 45분 포함)

타글리아텔레 알 체르보

사슴 라구를 넣은 리본 모양의 국수

❶ 양파, 마늘, 당근, 샐러리 그리고 베이컨을 곱게 다진다.
❷ 사슴고기를 2~3cm 크기의 네모나게 썰어준다. 기름을 가열한다. 사슴 고기를 그 안에 넣고 강한 불에서 1인분씩 구워내 꺼낸다. 야채와 베이컨을 10분간 기름에 넣고 굽는다. 토마토는 즙과 함께 넣고 포크로 눌러 으깬다. 소금, 후추, 무스카드, 월계수 잎, 카네이션, 그리고 타임으로 간을 맞춘다. 사슴고기를 그 위에 얹는다. 뜨거운 육수를 그 위에 붓는다. 이 라구를 뚜껑을 닫은 채 1시간 30분~2시간 동안 익힌다.
❸ 국수를 소금물에서 '알 덴트' 하게 삶는다. 그 후 물기를 빼고 버터와 섞어준다. 라구와 파메잔 치즈와 함께 대접한다.

4인분
양파 1개 ┃ 마늘쪽 2개 ┃ 당근 2개
표백된 샐러리 1단
껍질이 없고 줄무늬가 보이는 베이컨 75g
올리브기름 3~4TS ┃ 사슴고기 750g
캔에 든 토마토 400g ┃ 소금
갓 갈아낸 까만 후추 ┃ 육수 125cc
갓 갈아낸 무스카드 견과 ┃ 월계수 잎 1장
양념용 카네이션 2개 ┃ 버터 1TS
칼끝에 묻힐 만큼 소량의 말린 타임
타글리아텔레(리본 모양의 국수) 400g
파메잔 치즈 갓 갈아낸 것 3TS

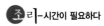

조리 — 시간이 필요하다

1인분 당 칼로리 : 약 3700kJ / 880kcal
단백질 61g ┃ 지방 37g ┃ 탄수화물 75g
요리시간 : 2시간 30분~3시간

마케로니 콘 라구 다그넬로

새끼 양 라구를 넣은 마카로니

❶ 고기를 1cm 크기의 네모나게 잘라준다. 양파와 샐러리를 작게 다진다. 토마토의 물을 약간 빼주면서 즙은 받아낸다. 살은 큼직하게 자른다.
❷ 올리브기름 5TS을 가열하고 자른 양고기를 그 안에 넣고 갈색이 되도록 굽는다. 그 후 양파와 샐러리를 넣고 중간 불에서 약 5분간 굽는다. 포도주를 붓고 저어주면서 김이 증발하게 한다. 토마토는 즙 없이 넣는다. 소금, 페페론치노 그리고 월계수 잎으로 간을 맞춘다. 뚜껑을 닫은 채 약한 불에서 약 1시간 30분 동안 익힌다. 필요에 따라 약간의 토마토 즙을 부어준다.
❸ 국수는 4~5cm 길이의 조각으로 부순다. 소금물에 나머지 기름을 넣고 국수를 '알 덴트' 하게 익힌 후 물기를 뺀다. 라구와 치즈를 함께 대접한다.

4인분
뼈가 제거된 새끼 양 어깨 살 750g
양파 1개 ┃ 표백된 샐러리 2단
캔에 든 토마토 800g ┃
올리브기름 6TS ┃
완전 발효된 백포도주 1/8ℓ
갈아낸 페페론치노 (작고 매운 후춧가루) 2줌
(대체용으로 카옌후추) ┃ 월계수 잎 2장
마카로니 400g ┃ 소금
페코리노(양젖 치즈), 갓 갈아낸 것 50g

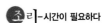

조리 — 시간이 필요하다

1인분 당 칼로리 : 약 5100kJ / 1200kcal
단백질 49g ┃ 지방 77g ┃ 탄수화물 76g
요리시간 : 약 2시간

칸넬로니

속이 채워진 롤모양의 국수

❶ 양파와 마늘을 깐다. 양파는 곱게 다진다. 마늘은 압축기에 넣고 눌러 으깬다. 토마토는 포크로 누른다. 파슬리는 씻고 털어 말린 후 작게 다진다.

❷ 찜통에 기름 3TS을 넣고 가열하고 양파, 마늘, 파슬리의 반 정도는 넣고 약 5분간 굽는다. 그 후 토마토를 넣는다. 이 모든 걸 소금을 넣고 후추를 넣어 약한 불에서 뚜껑을 닫은 채 약 30분간 익힌다.

❸ 그 사이에 시금치를 잘 씻어 젖은 상태에서 시금치를 냄비에 넣고 잎의 숨이 죽을 때까지 뚜껑을 닫은 채 데친다. 그리고 체에 넣고 물을 뺀 후 잘 짜서 작게 다진다. 햄도 마찬가지로 작게 다진다.

❹ 남은 기름을 가열한다. 나머지 양파와 마늘을 그 안에 넣고 중간 불에서 약 5분간 굽는다. 그 후 고기를 넣고 강한 불에서 약 5분간 더 굽는다. 고기를 구우면서 뭉치지 않도록 포크로 눌러준다. 그리고 나서 시금치와 햄을 대접에 담고 약간 식게 놔둔다. 속을 위해 이 재료들을 달걀, 치즈의 반 정도, 소금 그리고 후추와 함께 잘 섞는다.

❺ 익혀줘야 하는 칸넬로니는 충분한 양의 소금물에서 '알 덴트' 하게 익힌다. 물을 빼주고 헝겊 위에 올려놓는다.

❻ 버터의 반을 녹인다. 밀가루를 그 안에 넣고 익힌다. 우유를 거품기로 저어주면서 천천히 부어주고 익힌 후 소금과 후추로 간을 한다.

❼ 오븐을 200℃로 미리 데워놓는다. 불에서 변형되지 않는 직사각형 모양의 용기에 버터를 발라준다.

❽ 칸넬로니를 고기-시금치-속으로 채운다.

❾ 토마토 소스의 반을 용기의 바닥에 골고루 펴준다. 10개의 칸넬로니를 나란히 그 위에 얹는다. 숟가락으로 베샤멜 소스의 반을 그 위에 뿌려준다. 그 위에 남은 칸넬로니를 얹어주고 남은 토마토 소스와 베샤멜 소스를 뿌려준다. 남은 파메잔 치즈를 그 위에 뿌려준다. 남은 버터를 그 위에 얹는다. 이 요리를 오븐의 가운데에 넣고 치즈가 흐르고 약간 갈색이 될 때까지 구워주는데, 약 20~30분이 걸린다(미리 삶지 않은 칸넬로니는 30~35분 정도 걸린다).

4인분
작은 양파 2개 | 마늘쪽 2개
캔에 든 토마토 400g | 파슬리 2묶음
차갑게 짜낸 올리브기름 6TS | 소금
갓 갈아낸 하얀 후추 | 시금치 250g
껍질이 없는 삶은 햄 100g
다진 고기(송아지고기와 돼지고기를
섞은 것) 350g | 달걀 2개
파메잔 치즈 갓 갈아낸 것 100g
칸넬로니(미리 삶아낸 것 또는 삶지
않은 것) 18~20개 | 버터 50g
밀가루 25g | 우유 150~175cc
모양을 위해 : 버터

조리-손님을 위해

1인분 당 칼로리 : 약 4300kJ / 1000kcal
단백질 54g \| 지방 63g \| 탄수화물 65g
요리시간 : 약 2시간 15분

크로스타타 아이 풍기

리본 모양의 국수와 버섯을 넣은 그라탕

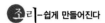

4인분

버섯 300g | 폰티나 100g(이탈리아식 슬라이스 치즈) | 소금 | 버터 140g

밀가루 50g | 우유 1/2ℓ | 갓 갈아낸 하얀 후추 | 갓 갈아낸 무스카드 견과

얇은 리본 모양의 국수 350g | 노른자 2개 | 갓 갈아낸 파메잔 치즈 3TS

조리 – 쉽게 만들어진다

1인분 당 칼로리 : 약 4200kJ / 1000kcal
단백질 38g / 지방 63g / 탄수화물 74g
요리시간 : 약 1시간

❶ 버섯을 필요에 따라 차갑게 씻은 후 휴지로 찍어 말릴 수 있지만, 그냥 헝겊으로 비벼 닦는 것이 가장 좋다. 버섯을 얇게 썬다. 폰티나 치즈를 마찬가지로 매우 얇게 자르거나 대패에 간다. 큰 냄비에 충분한 양의 소금물을 넣고 끓인다.

❷ 버터 50g을 녹이고, 밀가루를 그 안에 넣어 황금색이 되도록 익힌다. 우유를 천천히 부어주면서 거품기로 힘차게 젓는다. 소금, 후추, 무스카드 견과로 간을 맞춘다. 소스를 잠깐 익게하고 폰티나 치즈와 소스를 함께 녹인다. 오븐을 220˚C로 미리 데워놓는다.

❸ 버섯을 버터 30g에 넣고 약한 불에서 약 10분간 익힌다. 그 사이에 국수를 소금물에서 '알 덴트'하게 익히고 물기를 잘 빼준다. 똑같은 냄비에 버터 50g, 노른자, 그리고 소스의 1/3을 넣고 잘 섞어준다. 버섯을 약간의 즙과 함께 잘 섞는다.

❹ 불에서 변형되지 않는 용기에 남은 버터를 바른다. 속을 넣어준다. 남은 베샤멜 소스를 그 위에 부어주고 표면을 평평하게 편다. 이 국수 그라탕에 파메잔 치즈를 뿌린다. 오븐의 가운데에서 약 15분간 황금색이 되도록 굽는다.

프리타타 콘 이 감베레티

가넬레를 넣은 국수 오믈렛

스파게티를 오믈렛으로 준비하는 것은 오랜 전통에서 비롯된 것이다. 이탈리아의 한 주부가 어느 날 너무 많은 양의 국수를 만들어서 그녀의 모든 손님들에게 대접하고도 남는 일이 생겼다. 그래서 그 주부는 반짝이는 아이디어를 내, 남은 국수를 재빠르게 변형시켜 새로운 요리를 탄생시킨 것이다.

4인분

스파게티 350g ┃ 소금 ┃ 싱싱하거나 얼린 가넬레(새우) 200g ┃ 파슬리 1묶음	
달걀 3개 ┃ 파메잔 치즈 갓 갈아낸 것 80g ┃ 갓 갈아낸 하얀 후추	
차갑게 짜낸 올리브기름 6TS	

조리—쉽게 만들어진다

1인분 당 칼로리 : 약 2700kJ / 640kcal
단백질 38g / 지방 29g / 탄수화물 60g
요리시간 : 30~45분

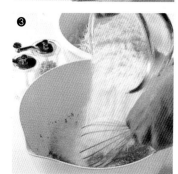

❶ 큰 냄비에 국수를 충분한 양의 소금물에 넣고 '알 덴트'하게 삶는다. 그 후 체에 넣고 흔들어주고 차가운 물에 헹군 후 물을 잘 빼준다(예외적으로 이번 요리에서는 국수가 차갑게 식혀져야 한다).

❷ 그 사이에 가넬레를 기호에 따라 대강 잘라주거나 자르지 않아도 된다(얼린 가넬레는 그 전에 해동을 한다). 파슬리를 씻고 흔들어 말린 후 잘게 다진다.

❸ 큰 대접에 달걀과 파슬리 그리고 치즈를 넣어 거품기로 매끈하게 저어준다. 가넬레를 섞어 저어준다. 이 소스를 소금과 후추로 간을 한다. 그 후 스파게티를 넣어주고 소스와 잘 섞어준다.

❹ 큰 후라이팬에 올리브기름의 반을 넣고 가열한다. 국수를 넣고 약한 불에서 아래쪽이 옅은 갈색이 될 때까지 굽는다. 그러면서 후라이팬을 이따금씩 흔들어준다. 뚜껑을 이용해 오믈렛을 한 번 뒤집어 준다. 남은 기름으로 반대편도 바삭바삭하게 굽는다.

토르텔리니 알라 판나

크림 소스에 넣은 토르텔리니

❶ 토르텔리니를 소금물에 넣고 '알 덴트' 하게 익힌다. 그 후 건져낸다.
❷ 그 사이에 큰 찜통에(나중에 토르텔리니가 들어갈 만한 자리가 있어야 한다)
버터와 100cc의 크림을 데워주고 소금과 무스카드로 간을 맞춘다.
❸ 토르텔리니를 넣어주고 찜통을 흔들어 줌으로써 소스와 섞이게 한다. 한
술 단위로 치즈와 남은 크림을 번갈아가면서 넣는다. 그러면서 찜통을 소스
가 매끈해지고 토르텔리니와 골고루 섞이도록 계속해서 흔들어준다.

토르텔리니 콘 판나 에 노치

호두알 24~30개를 매우 작게 다진다. 계속해서 살짝 데워진 크림 약
250g을 부어준다. 그 후 매우 부드럽지만 녹이지는 않은 버터 100g을 매
끈한 소스가 될 때까지 섞어준다. 소금과 후추로 간을 한다. 조심스럽게 물
기를 뺀 뜨거운 토르텔리니와 섞는다.

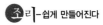

4인분	
소금 | 봉지에 담긴 토르텔리니 500g	
(고기 속으로 채워진 것, 냉동식품은 800g	
사용한다) | 버터 40g	
갓 갈아낸 무스카드 견과	
파메잔 치즈 갓 갈아낸 것 약 80g	

조리-쉽게 만들어진다

1인분 당 칼로리 : 약 3300kJ / 790kcal
단백질 25g / 지방 37g / 탄수화물 86g
요리시간 : 약 30분

라비올리 알 포모도로

토마토 소스에 넣은 라비올리

❶ 양파를 작게 네모나게 썬다. 나륵을 큼직하게 잘라준다. 토마토는 눌러
으깬다.
❷ 기름 5TS을 가열한다. 양파를 그 안에 넣고 중간 불에서 5분간 구워주
고 그 후 토마토를 함께 넣는다. 소금, 페페론치노, 설탕, 월계수 잎 그리고
나륵으로 간을 맞춘다. 이 소스는 뚜껑을 연 채 졸인다.
❸ 큰 냄비에 충분한 양의 물을 넣고 올리브기름 1TS을 넣어 끓게 한 후
라비올리를 '알 덴트' 하게 삶는다(시식해보기).
❹ 월계수 잎을 소스에서 빼낸다. 남은 기름을 섞어주고 소스를 필요에 따
라 다시 간을 해준다. 대접을 미리 데워놓는다.
❺ 라비올리를 조심스럽게 대접에 넣고 소스와 섞거나 소스와 따로 대접을
한다. 치즈를 따로 대접한다.

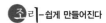

4인분	
양파 1개 | 나륵 1/2 묶음	
캔에 담긴 토마토 800g	
차갑게 짜낸 올리브기름 8TS | 소금	
갈아낸 페페론치노 2줌(작고 매운 후춧가루)	
(대체용으로 카옌후추) | 설탕 1줌	
월계수 잎 1장	
봉지에 담긴 라비올리(고기나 치즈로	
채워진 것) 500g, 냉동제품은 800g	
사용한다 | 파메잔 치즈 갓 갈아낸 것 80g	

조리-쉽게 만들어진다

1인분 당 칼로리 : 약 2300kJ / 550kcal
단백질 26g/ 지방 9g / 탄수화물 92g
요리시간 : 약 1시간

그노치 알라 트렌티나

트리엔트식의 작은 경단

❶ 우유를 미지근하게 데운다. 달걀을 푼다. 대접에 소금 1/2ts , 무스카드 한 줌, 그리고 파메잔 치즈의 반을 넣어 밀가루와 섞어준다. 우유와 계란을 함께 넣어주고 이 모든 걸 매끈한 반죽이 되도록 만든다. 충분한 양의 소금물을 끓여 놓는다.

❷ 반죽으로 새끼손가락 두께의 경단을 만들고 3cm 길이의 조각으로 자른다.

❸ 경단을 1인분씩 끓고 있는 물에 넣는다. 경단이 다시 표면에 떠오르면 익은 것이다. 그 후 건져내고 대접에 넣어 따뜻하게 유지한다.

❹ 이제 버터를 녹인다. 남은 파메잔 치즈와 후추를 경단 위에 뿌려준다. 모든 걸 잘 섞어서 대접한다.

4인분
우유 1/8ℓ │ 달걀 2개 │ 소금
갓 갈아낸 무스카드 견과 │ 밀가루 300g
파메잔 치즈 갓 갈아낸 것 100g
버터 80g │ 갓 갈아낸 까만 후추

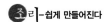 조리-쉽게 만들어진다

1인분 당 칼로리 : 약 2500kJ / 600kcal
단백질 25g / 지방 31g / 탄수화물 52g
요리시간 : 약 1시간

그노치 베르디

노릇노릇하게 구워내는 시금치 경단

❶ 리코타를 헝겊에 넣고 잘 짜준 후 포크로 눌러 으깬다.

❷ 시금치를 다듬고 씻은 후 젖은 상태로 냄비에 넣어주고 뚜껑을 덮은 채 약한 불에서 잎이 떨어질 때까지 데친다. 체에 넣고 물기를 잘 짜낸 다음에 곱게 다진다.

❸ 찜통에 버터 2TS을 넣고 가열한다. 시금치를 그 안에 넣고 담백하게 쪄낸다. 찜통을 레인지에서 내린다.

❹ 달걀을 푼다. 밀가루와 약 30g의 파메잔 치즈를 매끈한 소스로 만든다. 시금치를 함께 섞고 모든 걸 소금, 후추 그리고 무스카드로 간을 한다. 이 반죽을 약 45분 정도 서늘한 곳에 둔다.

❺ 충분한 양의 소금물을 가열하고 조용히 끓게 놔둔다. 밀가루를 바른 손으로 호두알 크기의 경단을 만든다. 남은 버터의 반을 불에 변형되지 않는 용기에 흐르게 한다. 일단 몇 개의 경단을 물에 넣고 5~7분간 익혀본다. 경단이 부서진다면 반죽에 밀가루를 조금 더 넣어준다. 나머지 경단을 만들고 1인분씩 삶는다.

❻ 오븐을 250°C로 미리 데워놓는다. 물기를 빼서 모양에 넣고 남은 파메잔 치즈를 뿌려주고 남은 버터도 얹어준다. 오븐 위에서 치즈가 녹을 때까지 굽는다.

4인분
리코타(이탈리아식 치즈) 200g
시금치 750g │ 버터 100g │ 달걀 2개
밀가루 120g │ 소금
파메잔 치즈 갓 갈아낸 것 100g
갓 갈아낸 까만 후추
갓 갈아낸 무스카드 견과

 조리-세련되다

고기가 안 들어간다

1인분 당 칼로리 : 약 2300kJ / 550kcal
단백질 30g / 지방 36g / 탄수화물 24g
요리시간 : 약 2시간

국립중앙도서관 출판시도서목록(CIP)

스파게티 / 지은이: 마리에루이제 크리스틀-리코자, 오데
테 토이브너, 케르스틴 모스니. -- 파주 : 범우사, 2006
     p. ;   cm

원서명: Spaghetti
원저자명: Marieluise Christl-Licosa
원저자명: Teubner, Odette
원저자명: Mosny, Kerstin
ISBN 89-08-04369-1 04590 : ₩8000
ISBN 89-08-04367-5(세트)

594.54-KDC4
641.5945-DDC21   CIP2006000896

스파게티

초판 1쇄 발행 – 2006년 5월 25일

지은이 : 마리에루이제 크리스틀-리코자(외)
펴낸이 : 윤 형 두
펴낸데 : 범 우 사
등록일 : 등록 1966. 8. 3 제 406-2003-048호.
주 소 : 413-756 경기도 파주시 교하읍 문발리 525-2
전 화 : (대표) 031-955-6900~4 / FAX 031-955-6905

파본은 교환해 드립니다
(홈페이지)http://www.bumwoosa.co.kr
(E-mail) bumwoosa@chol.com

ISBN 89-08-04367-5 (세트)
      89-08-04369-1 04590

오데테 토이브너 Odette Teubner

요리 사진 작가인 아버지 크리스티안 토이브너에 의해 교육을 받았다. 현재는 음식 사진 스튜디오 토이브너에서 일을 하고 있으며, 여가 시간에는 그의 아들을 모델로 어린이 초상화를 그리는데 몰두하고 있다.

케르스틴 모스니 Kerstin Mosny

스위스의 프랑스어 사용 지역에서 사진을 위한 전문학교를 다녔다. 그 후 많은 사진작가의 비서로 일을 했고 그 중 취리히의 유어겐 타프리히라는 요리사진작가 아래에서도 경력을 쌓았다. 1985년 3월부터 토이브너의 스튜디오에서 일을 하고 있다.

마리에루이제 크리스틀-리코자
Marieluise Christl-Licosa

티롤에서 태어났으며 그곳에서 자라났다. 그녀의 남편과 네 명의 아들과 여러 해 밀라노에서 생활을 함으로써 그곳의 언어를 습득할 수 있었고 이탈리아식 요리를 익힐 수 있었다. 수많은 여행과 이탈리아 각지에 방학 동안 오래 머무는 휴가는 이탈리아의 곳곳의 주민과 친분을 쌓기에 충분했다. 큰 열정으로 크리스틀-리코자는 나폴리의 낚시꾼들에게, 피에몬트의 농부에게, 롬바르다이나 토스카나의 주방장들에게, 그리고 대도시의 전문적이고 유명한 요리사들에게 요리법을 전수 받았다. 그 후로부터 그녀의 취미는 부엌에서 요리를 만드는 것이 되어버렸다. 뮌헨에 있는 게르메닝 전문대학에서 이탈리아어를 가르치고 있고 주말에는 바이에른 전 지역에 세미나를 열고 있다.

범우 쿠킹 북 Cooking Book 시리즈

파스타
코르넬리아 쉰하를(외)
신국판 | 64면 | 올컬러 양장본
직접 국수 만드는 법에서부터 알맞는 작업도구까지 그림으로 제시!

스파게티
M. 크리스틀 – 리코자(외)
신국판 | 64면 | 올컬러 양장본
이탈리아 주방에서 만들어 온 전통있는 오리지널 특별 국수(스파게티) 요리!

숯불구이
안트제 그뤼너(외)
신국판 | 64면 | 올컬러 양장본
체트니 소스와 버터 혼합 요리의 진귀한 것들이 함께 실린 그릴 요리!

저지방 볶음요리
엘리자베트 되프(외)
신국판 | 64면 | 올컬러 양장본
Wok(찌개용 냄비와 프라이팬의 복합형 용기)로 즐기는 갖가지 저지방 요리!

퐁듀
말리자 스즈빌루스(외)
신국판 | 64면 | 올컬러 양장본
40가지가 넘는 퐁듀 조리법과 50가지가 넘는 소스 조리법을 상세히 안내!

스시
안드레아스 푸르트마이르(외)
신국판 | 64면 | 올컬러 양장본
완벽한 미키스시, 니기리스시나 데마키를 손쉽게 만들 수 있도록 설명함.